服务·成长·共赢
R1国际
的发展历程

Passion to
Serve, Grow, and Prosper
R1 International's Journey

【新加坡】桑达纳·达斯（Sandana Dass） 著

裴浩波 译

上海交通大学出版社
SHANGHAI JIAO TONG UNIVERSITY PRESS

内容提要

　　本书作者以简洁幽默的笔触，全方位地展示了橡胶贸易公司 R1 国际的发展历程，描述了如何将公司的愿景、人才、文化和制度融合为公司成长、成功和持续发展最坚固的基石，从而使公司在瞬息万变和充满挑战的大宗商贸行业中屹立长青。本书同时也介绍了橡胶行业过去的发展史、当前的现状和未来可能面临的挑战，并提供了深入浅出的分析和颇有洞察力的见解，为如何服务客户、管控风险、顺势而为，实现公司可持续创新发展，给出了重要的借鉴。

图书在版编目 (CIP) 数据

　　服务·成长·共赢：R1 国际的发展历程 /（新加坡）桑达纳·达斯 (Sandana Dass) 著；裴浩波译 . —上海：上海交通大学出版社，2019
　　ISBN 978-7-313-21927-5

　　Ⅰ.①服… Ⅱ.①桑… ②裴… Ⅲ.①天然橡胶 – 橡胶工业 – 工业企业管理 – 经验 Ⅳ.① F407.746

　　中国版本图书馆 CIP 数据核字 (2019) 第 203152 号

服务·成长·共赢：R1 国际的发展历程

著　　者：[新加坡]桑达纳·达斯 (Sandana Dass)　　译　　者：裴浩波
出版发行：上海交通大学出版社　　地　　址：上海市番禺路951号
邮政编码：200030　　电　　话：021-64071208
印　　刷：常熟市文化印刷有限公司　　经　　销：全国新华书店
开　　本：880mm×1230mm　1/32　　印　　张：4.875
字　　数：86千字
版　　次：2019年10月第1版　　印　　次：2019年10月第1次印刷
书　　号：ISBN 978-7-313-21927-5/F
定　　价：58.00元

献给过去和现在服务于 R1 大家庭的所有成员，
没有你们的帮助和奉献，我不可能想出这么多好点子，
让我满怀服务热情，突破重重阻难，
实现企业的不断成长

献给我的妻子——安妮·戴布拉，和我的儿子们——
约书亚·哈沙和于连·托尚，他们给了我爱和力量，
也是我写下此书的灵感源泉。

序 一

作为全球橡胶种植和加工行业的龙头企业，海南农垦和海南橡胶在决定进入全球橡胶行业之初，就在努力寻找能与我们的战略定位相匹配，且享誉国际、具有强大生命力的橡胶企业。最终，我们选择了 R1 国际。这家诞生于 2001 年的公司是全球迄今为止最大的一家纯橡胶贸易公司，在全世界 9 个最重要的橡胶生产国和消费国均拥有分支机构。2012 年 4 月 28 日，我们成功地收购了 R1 国际 75% 的股权，并成为这家名扬海内外的橡胶贸易公司的控股股东。至此，R1 国际成为我们重要的海外发展平台，帮助我们在全球橡胶价值链上持续多元化发展。

　　本书作者桑达纳·达斯先生是 R1 国际的 CEO 和创始人。本书中，他以简洁幽默的笔触，生动地描绘了 R1 国际诞生以来（2010—2016）的精彩历程和所取得的骄人成就，全方位地展示了 R1 国际成长为世界上最成功的橡胶贸易公司的奋斗过程，也充分展示了他是如何将公司的愿景、人才、文化和制度融合为公司成长、成功和持续发展最坚固的基石，使公司在瞬息万变和充满挑战的大宗商贸行业中屹立长青。翻阅此书，不由对达斯先生深感敬佩。

　　本书也为橡胶行业过去、现在和未来可能面临的挑战提供了深入浅出的分析和颇有洞察力的见解，为如何服务客户、管控风险、顺势而为，实现公司可持续创新发展，给出了重要的经验借鉴。我相信，本书会让每一位读者获益匪浅。

　　最后，衷心感谢我非常敬重的良师益友桑达纳·达斯先生用他无可比拟的贡献书写了 R1 国际的历史，这段历史不仅在海南天然橡胶产业集团和中国天然橡胶产业的历史上是浓墨重彩的一笔，同时也给后来者树立了仰望的标杆。

海南天然橡胶产业集团股份有限公司董事长

王任飞

序 二

从 18 岁起，我就进入了橡胶行业，至今已有 70 年了。那个年代，我遇到的大多数人都没有清晰的职业规划，也很少有人会去想象未来可能成就什么，而桑达纳·达斯则是那少数人中的一个。

对于我来说，遇见桑达纳是注定的事，用中国话来说，这就是缘分。我们第一次相遇是在 1986 年，那已经是 30 多年前的事了。当时我是新加坡橡胶协会的一名委员，而桑达纳是马来西亚橡胶交易与执照局（MRELB）的一名委员，我们一起参加了新加坡橡胶局和马来西亚橡胶局之间的一次会议。

桑达纳是参会人员中最年轻的，但他在发言时却毫不怯场。他积极参与讨论，对很多问题都提出了自己的想法。虽然年纪尚轻，但他在许多人当中脱颖而出，展示了自己的巨大潜力。

自我们初次见面，已经过去了 30 多年。如今，桑达纳已经成为行业先锋。他一直是个很可靠的人，有很多想法和杰出的表现。他很会解决问题，总是能够拿出让大家都满意的解决方案。在杰出的职业生涯中，他一直在坚持寻找新途径来了解橡胶行业面临的问题，从而提供各种创意和方法。

对他来说，最好的机遇出现在 2000 年。当时，橡胶业务正处于历史最低迷的水平，甚至由此在盛产橡胶的国家内导致了重大的社会和政治问题。马来西亚主管橡胶行业的官员们找到了桑达纳，希望他给出建议。当时，马来西亚的胶农只能低价贱卖橡胶，沦落到赤贫的境地。

桑达纳是如何解决这一问题的呢？他开发了一套流程，让马来西亚政府以公平市价向农民收购橡胶。这一方法拯救了绝望的农民，帮助他们脱离贫困，并向市场发出了一个信号，显示产品销路得到了保证。很快，市场的信心再度升起，价格回升了。后来，其他盛产橡胶的国家，比如泰国和印尼，也采用了这一方法。

桑达纳在 2001 年创办了 R1，再度证明了他振兴行业的决心。面对各种利害关系的挑战，他努力协调，坚持不懈。曾几何时，他的努力遭遇失败，但他拒绝放弃，最终建立起了自己的组织，如今已经成为世界最大的国际橡胶贸易公司。

我个人在 R1 投资了 100 万美元。包括股息，我已经收到了将近 900 万美元的回报。在公司从零到一的成长过程中，桑达纳发挥了主导作用，在这一充满不稳定性和挑战性的市场中，他的公司始终能够提供出色的回报。

重要的是，R1 是在牢固的价值观和原则基础上建立的，在专业化水平、管理实务和风险管理方面，R1 在橡胶行业都起到了领头羊作用。R1 是第一家真正实现全球经营的橡胶贸易公司，同时，它始终尊重橡胶生产者和橡胶消费者之间的关系。

这一平台使 R1 站在了特别强大的位置，能够在不断变化的行业环境中保持进化。在新的大股东的支持下，公司可以更好更快地发展，但公司创立的初心一直未变。

在这个看重眼前利益的世界，桑达纳·达斯向世人证明，只要你愿意投身于伟大的事业并努力工作，你就有无限的可能。在个人层面和专业层面，他都是一个卓越的行为榜样，他证明了耐心、恒心和努力是有价值的。

如今，我们更需要这样一种人，他们在遇到困难时拒绝放弃，总是先行一步，适应不断变化的市场条件。随着橡胶行业的进化，这本书可能起到鼓励新一代行业先锋的作用。

黄鸿美（OEI HONG BIE)

新加坡同德私人有限公司董事长

(Singapore Tong Teik Pte Ltd)

2017 年 7 月 17 日于新加坡

推 荐 语

R1 国际一直是世界橡胶贸易商中的佼佼者，与我们公司已有长达 18 年的橡胶业务合作关系，也是我们公司的优秀供应商之一。无论市场行情如何跌宕起伏，该公司始终恪守诚信、规范、务实、高效的业务运行模式。在如今瞬息万变的商业环境中，始终恪守契约精神，难能可贵，也正是因为这一品质，该公司在业内一致备受尊敬。本书毫无保留地揭开了该公司萌芽、创立、壮大以及重生过程中所有关键点的考量及奥秘，对橡胶行业从业者来说绝对是一本值得参阅的佳作。

——中策橡胶集团有限公司 董事长 沈金荣

认识 R1 是在 2003 年，那时的赛轮刚刚起步，对橡胶圈子还不熟悉，是 R1 把赛轮带进了橡胶圈，陪我们一起参观、考察、拜访橡胶加工厂、二盘商、期货交易所，通过 R1，我们结识了圈子里的很多朋友；2007 年，在 R1 的大力推动和无私帮助下，赛轮和马来西亚橡胶开发公司（MARDEC）达成了在马来西亚合作生产复合胶的意向；R1 一直以来都是赛轮的好老师、好朋友、好伙伴，R1 始终在用实际行动践行自己的使命：服务、成长、共赢。

认识桑达纳·达斯是在 2005 年，他为人谦和、睿智、热情、果敢，为理想和抱负，在橡胶行业执着奋斗了四十多年，他所建立的橡胶收购结算方式帮助马来西亚政府和橡胶市场重塑信心，他所创建的 R1 国际，在风险防控机制、国际贸易网络、国际人才队伍、员工职业精神、全球业务绩效方面堪称业界典范。

此外，从胶农、橡胶原料、生产制造、物流运输、国际贸易、风险管理、企业重组、利益分配、行业未来、再回到胶农，无不体现出一个优秀企业家的责任、担当、使命、素养和能力，对橡胶行业、跨国公司、国际贸易等从业人员具有现实的指导意义。

——赛轮集团股份有限公司 董事长 袁仲雪

　　如果初看的话，这是一本关于 R1 集团成长的著作，但是如果你仔细阅读的话，这更像是一本讲述橡胶行业上半个世纪起起伏伏的发展历史的书。阅读此书，可以很好地了解橡胶行业的历史，找到驾驭现在的思路，激发启迪未来的智慧。无论对投资者还是橡胶从业者来说，我相信这本书都会大家带去很多的思考和启发。

　　　　　——佳通轮胎（中国）投资有限公司 高管 林惠敏

前　言

R1 国际成立于 2001 年，启动资金为 700 万美元。在本书涉及的时间段内，也就是公司成立后的第一个 15 年内，这笔启动资金至少翻了 16 倍，达到了 1.137 亿美元。当时，R1 的营业总额为 183 亿美元，年度平均营业额为 12.2 亿美元。

在 15 年里，R1 参与了 1740 万吨橡胶的交易，平均每年交易 120 万吨橡胶。最令人印象深刻的是，每年集团回馈给股东的平均回报率为 24%，最高时一度达到 49%。在这样一个低利润率的成熟商品行业中，这么高的回报率是前所未有的。

很多人都想知道我们是怎么取得这一成绩的。R1 怎么会一直保持远高于行业平均值的回报率呢？我从 1973 年就开始从事橡胶行业了。我知道，这个行业的回报率并不高，还会经历大起大落。成立 R1 的时候，我就在想，如何通过创造合理的流程和智能系统、聘用优秀的人才、打造一家真正的全球化公司，来重新定义这个行业。在我写这本书的时候，R1 已经在 9 个不同国家和 12 个地区开展业务，并且每位员工都能做到实时沟通。

在公司成立之初，我们就确定了，公司需要发展一种坚定的企业文化，把远在各地工作的所有人紧密地团结在一起。我知道，想要成功的话，需要大家团结起来，共同追求一种鼓舞人心的愿景。从一开始，我们的企业文化就是通过共同的目标、价值观、信念和行为来团结员工。我们追求的是一种归属感和团队精神，从而让所有人朝着同一个方向迈进。

我们的愿景是什么？很简单，就是成为行业第一。我们的目标是重新定义这一行业，使自己的企业成为选定领域内的龙头。那么，我们如何才能将这一愿景化为行动呢？这需要三个关键词：服务、成长、共赢。

一些出名的交易员自视甚高，喜欢单打独斗，所以，我们需要一些特别的东西，才能把他们凝聚到一个团队中。我们努力向交易员们发出这样一个信号——如果我们能一起合作的话，R1 就会是最强的。公司最初是通过合并马来西亚橡胶巨头——马来西亚橡胶开发公司（马来西亚橡胶开发公司）和美国最大的商品贸易商——嘉吉公司（Cargill）的业务活动发展起来的。彼时，嘉吉公司正打算结束橡胶生意，但我坚持说服了他们的领导人，让他们重新考虑这个决定。

从一开始，公司就致力于吸引来自不同背景和不同国家的人才。起初，我们之间存在各种文化冲突，但随着时间的推移，我们共同的愿景、使命和进程变得足够强大，将不同的小团体凝聚在了一起。R1 的成功没有秘诀，竞争对手完全可以复制我们的做法。但是，如果没有成为行业第一的愿景，它们可能无法维持成功。虽然它们能看到表面上的东西，但它们可能无法复制那些让 R1 变得特别的关键元素。这需要日复一日、年复一年地恪守承诺，才能打造出独特的企业文化。

有时候我在想，或许我早就该写这样一本书了。不过，写这本书的动力源于股东的变动，我意识到，在某一时刻我必须得急流勇退，将 R1 交班给其他人。我想给未来的员工和股东留下一些内部记录，并分享我过去的经验，并为未来取得更大的成功提供指导。我建立 R1 的目的是希望创造一些可持续的东西，并重新定义橡胶行业。这本书给了我机会去分享公司的成长故事。等离开集团时，我可以进入学术界，或者加入咨询公司，我希望这本书可以作为参考资料，帮助大家了解 R1 的发展过程。

　　尽管创立了 R1，但我从不在家谈论生意上的事。我有两个儿子，也许有一天，他们会希望了解我这个父亲的生活和成就。我希望，如果那一天到来时，这本书也可以成为他们的参考，帮助他们了解自我投资、努力工作和热爱工作的重要性。即使在年轻的时候，我也总是希望能够留下一笔遗产，而这本书就是遗产的一部分。

目　录

第一章

缘起、灵感和命运

小时候，我梦想成为一名牧师，希望借此来拯救灵魂。后来，随着年龄增长，我希望成为一名律师，为穷人、受压迫的人和受害人辩护。我一直相信，我是为了某些伟大的目的而活着。

然而，最终我毕业于经济学专业，那是在 1973 年。当时，马来西亚只有一所大学，如今，这里已经有超过 70 所大学了。由于招生人数有限，我必须得很努力才能考上大学。毕业时，我和其他大学毕业生一样，感觉世界就在脚下，可以选择自己希望的任何行业。我的朋友们成为公务员、外交事务专家或者贸易咨询师，这些工作都很诱人。我希望能够在选择的事业中，不仅做到最好，并且有不错的收入。在内心深处，我希望能做好事并且把事情做到最好。

怀揣这个想法，我看到了一则广告，马来西亚橡胶基金委员会提供一年奖学金，用于从事橡胶市场推广方面的研究。1973 年的马来西亚是一个发展中国家，经济主要依靠农业，而橡胶是其中一个重要行业，超过 50 万名农民依靠种植橡胶来维持生计，对 GDP 有很大的贡献。

我曾经修过农村经济的课程，学习中我了解到，这些农民受到中间商的剥削和操纵，他们把橡胶出售给中间商后留下的收入非常微薄，只能过着贫困线以下的生活。在看到这则奖学金广告时，我感觉这将是一个改善很多小种植户生活的机会，于是我申请并成为最终获得这笔奖学金的 3 个人中的一个。

这笔橡胶奖学金的设立目的是选择并培养有能力的年轻人，让他们进入专门的政府机构，照顾胶农的利益。他们的任务是设计市场推广方案，将小佃农种植并经马来西亚中央工厂加工的橡胶直接销售给世界各地的客户。委员会希望，这一专门的创新销售渠道可以提高马来西亚农民的收入。

这个项目提供了很好的学习机会。前几个月，我们待在马来西亚的橡胶工厂里，学习工厂运营、供货、机械、橡胶种类以及与马来西亚橡胶行业有关的所有知识。橡胶加工方面的工作体验让我受益匪浅，现在从事橡胶贸易的很多年轻人缺少真正的工厂生活体验。直到现在，我还能回想起在工厂生活和工作的那段日子，那些画面、声音和味道挥之不去，也就是那时候，胶农的困境和橡胶行业的巨大潜力深深地刻进了我心里。

有了那些经历，在下一阶段的培训中，我被安排去伦敦和其他几个欧洲城市学习橡胶销售和贸易的基础知识。这是我第一次离开马来西亚，心情既激动又担心。在英国，我遇到了很多橡胶科学家，他们负责制造和测试各种橡胶制品，这让我有机会去了解把生橡胶变为制成品的不同方法。例如，我亲眼见到了轮胎、技术和工程类橡胶制品、泡沫床垫、医用导管和手套的制造过程。我的导师们，包括格拉哈姆·德雷克、汤姆·彭德尔、K·F·黑因尼施和韩阁基（Hon Kok Kee），解释了橡胶的内在特性在不同类型橡胶制品生产中的应用。

随后，我来到马来西亚橡胶基金委员会旗下的技术咨询处，进行短期的学习和工作。在那里，我从一些橡胶用户——比如倍耐力轮胎和德国大陆轮胎——那里学习新的经验。作为一名刚从大学毕业进入社会的年轻人，有幸和橡胶行业的重要人物打成一片，他们对工作的激

3

情和无私奉献的精神触动了我、感染了我，并激发了我效仿他们的决心，使我愿意投身于这一行业。

除了这些技术方面的学习，我还参观了位于伦敦、巴黎和汉堡的几家一流的橡胶贸易公司，包括帕科尔（Pacol）、恰尔科（Czarnkow）、刘易斯 & 皮特（Lewis & Peat）、赫克特·海沃思 & 阿尔肯（Hecht Heyworth & Alcan）、萨非奇－阿尔肯（Safic-Alcan）和诺德曼－拉斯曼（Nordmann-Rassmann）。你可能想象得到，在这些短暂停留期间，我学到了大量有关橡胶贸易和橡胶市场运作的知识。

我喜欢听经验丰富的贸易商讲述市场和价格起落的故事。经过他们的讲述，这一行业给我的印象是新奇的、愉快的、神秘的，这些超级贸易商和经纪人的知识和激情，深深吸引了我。在我看来，这些人的行动可能会决定着全世界胶农的生计。

能够与这些行业领头人面对面交流与学习是一种荣幸。他们的工作富有激情和感染力，我觉得能够在这样的公司里工作将是非常幸运的。此外，我还意识到，只要动机端正并伴随有利时机，我也能做出一番大事业。即使在今天，我也还能回忆起那些慷慨地向我分享经验、给我建议的贸易商们，尤其是帕科尔（Pacol）公司的阿尔诺斯特·普若璞、恰尔科（Czarnkow）公司的罗伊·温莎、赫克特·海沃思 & 阿尔肯（Hecht Heyworth&Al-

can）公司的大卫·比奇、诺德曼－拉斯曼（Nordmann-
Rassmann）公司的爱德华·诺德曼，以及萨非奇－阿尔
肯（Safic-Alcan）公司的阿兰·阿尔肯。

　　在英国、意大利、法国、德国和奥地利期间学到的
知识为我的事业打下了坚实的基础。但是，在回到马来
西亚之后，我必须马上考虑一件事：应该从哪里开始我
的职业生涯呢？马来西亚橡胶基金委员会向我抛出了橄
榄枝。对于一个没什么背景的年轻人来说，在委员会那
座富丽堂皇、现代化，又地处吉隆坡市中心的办公大楼
里工作，会是一个很诱人的机会。办公楼的大堂里有一
座美丽的喷泉，我以前从没见过这种场景。此外，委员
会的员工们拥有不同的背景和文化，他们态度友好，乐
于助人；他们的员工餐厅还提供各种美味的食物，这对
我来说也是一种诱惑。所有这一切无不吸引着我，乃至
我差点就决定去那里工作了。

服务的激情

　　但是，命运总是引领我们去往不同的方向。在参观
马来西亚橡胶基金委员会办公室的时候，我碰巧遇见了
一位叫约翰·莫里斯的英国人，他是马来西亚橡胶开发

公司（MRDC，后更名为 MARDEC）的总经理，这家公司的主要目标是帮助胶农升级改造他们的原材料质量，获得公平价格。

约翰邀请我到他家里去做客，以便向我解释马来西亚橡胶开发公司的工作，我接受了他的邀请。进入家门后，他给了我一杯啤酒。我家里向来没人喝酒，但不想对新朋友失礼，所以我欣然接受了他的啤酒。看到约翰一口就干掉一杯啤酒，我以为啤酒就该是这么喝的，于是也学他一口干了。由于是第一次喝酒，我立马就晕乎乎了，最尴尬的是，我很快就觉得恶心，并把喝下去的酒都吐了出来。

幸好，约翰是个很大方的人，他理解我是第一次喝酒才会这样。他原谅了我的失礼，邀请我第二天早上和他一起参观马来西亚橡胶开发公司位于森美兰州和马六甲的橡胶工厂，并继续我们的讨论。我高兴地接受了他的提议。接下来的这次参观经历最终决定了我的人生道路。

约翰是个很特别的人。那天，他开了大约 300 公里的路程才到达马来西亚橡胶开发公司的工厂。在他的厂里，我直观地见到了农民的生活。他们展现了热情和友好，我也看到了他们所面临的问题。由于中间商的剥削，他们身上永远背着沉重的债务，生活在贫穷中无限循环。以前，我了解过这个行业的一些情况，但直到我和约翰一起见过这些农民之后，我才深刻体会到他们所面临的挑战。见到并看着他们为了生活苦苦挣扎，我深受触动。

我一直希望能够帮助到他人。当我遇到约翰，并参观了马来西亚橡胶开发公司的工厂之后，我才终于知道该如何去做。我的内心渴望与外界需求一拍即合，我就是那个可以服务他人并创造价值的人。我成长于一个笃信基督教的家庭，作为一个年轻人，我充满理想主义，想要为社会做出更多的贡献。我的家人是做生意的，所以我骨子里就会做生意。在遇见那些贫穷的农民之后，我的信仰、政治倾向、生意头脑和想要帮助他们的热情，激发我开始采取行动。

在离开工厂之前，我答应了约翰·莫里斯的邀请，加入马来西亚橡胶开发公司，并且第二天就去上班了。我在这家公司工作了 28 年，一直到 2001 年。

行业的转变

我在马来西亚橡胶开发公司工作的 28 年里，一路从市场专员做到了市场总监、运营总监，并最终成为马来西亚橡胶开发公司的董事总经理。在我职业生涯伊始，马来西亚橡胶开发公司还是一家政府组织；在我离开这家公司时，它已经被私有化，而我已经是一名管理层股东，虽然只拥有很少的股份。从 2004 年到 2012 年，我在马来西亚橡胶开发公司董事会担任非常务董事。如你所猜想，我在职业生涯里见证了马来西亚橡胶行业的许多变迁。

在 20 世纪 70 年代之前，橡胶通常是手工生产的，根据外观来分等级，打包后进行海运。我在马来西亚橡胶开发公司工作期间，这一流程已经发生转变，原料通过中央工厂加工，制造成不同技术规格的橡胶。这样可以持续生产高质量的橡胶，随后打包进托盘，再进行海运。

马来西亚橡胶开发公司在马来西亚拥有 15 座工厂，马来西亚胶农生产的橡胶中，有 14% 的量都由这些工厂进行加工。在转型初期——也被称为"标准马来西亚橡胶计划"，马来西亚橡胶开发公司负责从胶农那里采购橡胶，然后进行加工，最后销售给世界各地的消费者。很幸运，我也参与了这一工作，负责与橡胶基金委员会和初级产业部之间的合作。

当时，全世界 80% 的橡胶都被工业化国家消耗，比如欧洲国家、日本和美国。由于这些国家的市场需求很大，大多数橡胶贸易公司自然也将总部设立在那里。橡胶贸易的世界中心是伦敦和纽约。我们希望推广橡胶贸易的新形式，将橡胶直接销售给全世界的消费者。我们希望说服客户，绕过那些贸易公司，从马来西亚橡胶开发公司直接采购橡胶。

　　在前十年的工作中，工作职责要求我每年有一半的时间在世界各地出差，这期间很少有机会休假。在这十年里，我去过大约70个国家，足迹遍布西欧、东欧、美国、加拿大、中美洲、南美洲和亚洲。

　　虽然工作很辛苦，但我由此学到了很多。我接触和了解了橡胶行业，与不同文化的人进行交流，帮助马来西亚胶农销售他们生产的橡胶。在芝加哥、纽约和东京，我会见了轮胎和橡胶制品工厂、贸易公司和期货交易所的领导。马来西亚和巴西政府之间的第一个长期橡胶合同是在我的带领下谈成的，讽刺的是，天然橡胶最初就是在这个国家种植的。

　　回首往事，正是那段人生经历帮助我塑造了我的世界观，最终让我建立了R1。我有时遇见一些年轻人，发现他们喜欢待在自己的社交圈里，不愿意去不熟悉的国家，不愿意体验新的文化环境。但我相信，对于希望成功的人来说，体验不同的文化是一种最重要的经历。出差培养了我的同理心、好奇心和勇气。从那时起，这些品质给了我很大的帮助。例如，见过这么多名人，与大大小小的领导说过话，这使我变得自信，不管对方职务有多高，我都敢于发表意见。总之，多年的出差经历培养了我的国际视野，塑造了我对工作、他人和生活的正面看法。

　　尽管如此，我一直铭记于心，我是代表马来西亚橡胶开发公司和马来西亚而出国的。我很骄傲地告诉消费者们，我们提供的橡胶是由马来西亚中央工厂的农民直接生产的。在我推广之前，很多人都没有发现他们采购的橡胶来自马来西亚。如今，很多大型橡胶消费者直接从生产商那里采购橡胶，但在 20 世纪 70 年代，局面是完全不同的。客户优先考虑与伦敦和纽约的大型贸易公司交易，他们从没想过所采购的橡胶来自何方。

我花费了很大的力气才说服他们改变这一习惯。我告诉很多主要消费者，比如风驰通轮胎、永耐驰轮胎、固特异轮胎、倍耐力轮胎和德国大陆轮胎，从马来西亚橡胶开发公司采购橡胶是一种企业社会责任。当他们向马来西亚橡胶开发公司采购时，就能够帮助到胶农们。

后来，在 20 世纪 90 年代，马来西亚从农业迈向了工业化。我负责招商引资，我发现如果国际橡胶制品制造商能够将工厂搬迁到马来西亚，他们就能更接近橡胶生产的源头。我们引进了很多制造商，包括来自意大利的乳胶丝和液压橡胶软管制造商、来自英国的气球制造商和来自澳大利亚的手套制造商。这一举措带来了双赢的局面。

近年来，橡胶工业大举搬迁到了亚洲。在 20 世纪 70 年代，全球 80% 的橡胶消耗都发生在西方发达国家。但是之后，中国和印度的经济经历了飞速发展。2018 年，全球大约 70% 的橡胶消耗在亚洲。马来西亚作为世界上最具标志性的橡胶生产国，已经不再是全世界最大的橡胶生产国了。多年来，马来西亚偏向棕榈油和其他行业的发展，逐渐削弱了橡胶的重要地位。正是这一转变促使我建立了一家面向全球的橡胶公司。

危机和贡献

　　我在马来西亚橡胶开发公司工作的几年里，橡胶行业经历了数次大起大落。跟任何商品一样，橡胶业也会经历繁荣与萧条。有时候，橡胶价格非常低，导致农民的生活十分困苦。自 20 世纪 20 年代起，各国政府和国际组织一直在尝试调控橡胶价格，但最终他们都失败了。马来西亚政府曾经试图通过人为抬高橡胶价格来帮助农民。虽然他们的意愿是好的，但是在自由的全球市场中，政府无法肆意干扰市场并推高橡胶价格。

　　1999 年，橡胶价格暴跌。1995 年，每千克橡胶的价格为 495 马来西亚仙①，到 1999 年初，价格跌至 195 仙，4 年不到的时间里，跌幅达到了 60%。当时，我是马来西亚原材料部部长林敬益的行业顾问之一，林部长负责管

_____

① 马来西亚货币以仙（sen）为最小单位，100 个仙为 1 令吉。——译者注。

理包括橡胶在内的国家初级产业。我们经常联系，讨论橡胶市场的状况。

有一次，他在国会大厦打电话给我说，农民们急切地想要提高橡胶价格。目前价格如此低迷，农民们没法养家糊口，总理对此非常关注。他现在只想尽一切可能，马上提高橡胶价格。

可惜的是，我跟他解释，橡胶是一种国际商品，我们不可能单方面提高价格。他说，再这样下去，农民们就要举行抗议了。我答应会研究一下现在的情况，找出真正的问题。很快，我发现，目前的情况比我们意识到的还要糟糕。

我们知道，由于橡胶价格过低，农民的日子很不好过。但没能弄明白的是，低价导致人们对行业失去了信心。过去，工厂一直是橡胶的可靠买家，但现在，他们变得十分谨慎小心，大幅减少甚至停止了橡胶采购；因此，农民遭遇的问题不仅仅是收入下降，他们根本就被切断了经济来源，因为无法卖出原材料。

这种情况令人担忧，但是，相比低迷的国际价格，国内的问题还算比较好解决。我提出了一个项目，让政府和私人工厂以市场价格而非上涨价格向胶农收购原材料。农民们终于可以卖出橡胶，有了进账，解了燃眉之急。这个项目收到的效果比我预计的还要好。

在我提出这个项目之前，萧条地区的农场出售价徘徊在 92 到 120 仙之间，在政府实施这个项目的第一天结束时，价格回升到了每千克 140 仙。在最萧条的地区，价格瞬间提高了 52%。我们向农民保证会收购他们的橡胶，因此，人们对市场的信心又回来了，很快，方案收到了效果，橡胶市场就此恢复了正常。

我把这次机会看作是创造价值的机遇。当时，不只是马来西亚的农民，很多国家的橡胶种植户都很不好过。在橡胶价格趋稳并回升后，泰国、印尼和其他国家的生产者也因此受益。部长先生很高兴，我也对此结果感到很满意，因为我发现自己真的有能力去造福无数胶农，帮助他们过上好日子。政府感谢我对国家做出的卓越贡献，2001 年，马来西亚国王陛下授予我 JMN 荣誉头衔，意思是最受人尊敬的王国保卫者。

既要做好事，也要把事做好

虽然我是个商人，但我坚信，每个人都会为世界做出独一无二的贡献。激励我们前行的爱，陪伴我们的亲友，还有心中坚定的信念，都促使我们更努力地去回报他们、回报社会。生活总是充满了挑战和磨难，但我们应该去做那些自己认为是好的事情，并且要做得很好。没有这种方向指引，我肯定无法创立 R1。

如今，我发现很多人只看重眼前利益，缺乏耐心，总是浮躁不定。但我相信，如果想要活得有意义，我们就得有目标。我们必须愿意牺牲，富有耐心、决心，不怕面对各种挑战，这就是橡胶行业里的真理，因为这是一个成熟的行业，需要持续的投入和恒心。有了这些品质，我们才能打造坚实的基础，帮助他人改善生活。

在下一章，我将分享创立 R1 的故事，R1 公司成为我一生中做出许多社会贡献的重要平台。

第二章

从梦想到愿景

到 1991 年为止，马来西亚一直是世界上最大的橡胶原产国，约占全球总产量的 38%。但是，到了 20 世纪 90 年代早期，行业到达顶峰并开始下行。对于我们这些业内人士来说，很明显，这种衰退象征着更大的趋势。

马来西亚的经济正处于重大发展阶段，国家正计划转型，从农业经济转向更倚重工业和服务的经济。同时，作为国家主要经济来源的橡胶行业，也受到了新型农作物的威胁，比如棕榈油。在 20 世纪 90 年代早期，改革的浪潮即将席卷之时，我就已经嗅到了危机的味道。尽管在过去的 75 年里，马来西亚一直是橡胶的主要生产国家，但是作为一直以来的市场霸主，我们累积的全部经验，以及因此而受到的尊敬，都将不复存在。由于产量的下跌，我们在国际橡胶贸易中的声望也大不如前。

我不能对此视若无睹，眼睁睁地看着这种情况发生。我知道，如果马来西亚橡胶行业的领导们不果断采取行动的话，我们就将失去主导地位，最终，甚至可能被排挤出市场。

1996 年，市场情势迫使我去接触马来西亚橡胶开发公司的董事会。我和他们讨论了时代的变化，并且强调如果再这样下去，我们不仅会失去市场上的主导地位，还会失去国家的部分实力。我试图让他们意识到寻找新出路的重要性。

当时，我的建议是离岸建立一家全球贸易公司。可惜的是，没有人愿意采纳我的建议。董事会成员都是由马来西亚政府提名的，他们有很强的民族主义心态，他们坚持认为应该继续在国内开展业务。当时，马来西亚正在行业内大量吸收国外投资。总的来说，国家正专注于推广熟练的、低成本的人力资源，作为进口替代的潜力。大多数公司，包括马来西亚橡胶开发公司，都害怕去海外冒险。虽然我曾多次提出这一建议，但马来西亚橡胶开发公司的董事们还是不愿意考虑在马来西亚以外的地方成立公司。

尽管如此，我还是继续关注着经济变化。在消费者领域，轮胎制造商正在大举进行并购。世界上大多数橡胶都是被不超过十家轮胎制造商买走的。20 世纪 90 年代中后期，轮胎行业的洗牌导致橡胶价格跌至历史最低值。由于收入锐减，农民纷纷抗议。结果，抗议活动在所有主要橡胶生产国内进一步产生了政治冲突。

在这样的混乱之中，我发现了一个机遇。

R1 的种子

总部位于明尼阿波利斯市的嘉吉公司是美国最大的商品贸易公司，它是一家家族企业，成立于 1865 年，主要在农产品市场开展业务。截至 2000 年，其业务涉及全球 30% 的粮食和油籽。

1997 年，嘉吉公司委托麦肯锡公司研究如何将其业务变得合理化。研究结果建议，嘉吉公司应该将粮食视为其核心业务板块，需要公司在未来五年内放弃其他非核心业务，就是未在全价值链中投资的那些业务。非核心业务包括嘉吉公司在种植或生产相关商品中没有利害关系的任何领域，比如咖啡、钢铁，当然还有橡胶。

当时，嘉吉亚太公司的总部位于新加坡。该公司经营不同产地和等级的橡胶贸易，以及其他商品和服务。所以，当发现它正准备关闭自己的橡胶贸易部门时，我认为是时候向董事会提出我的建议了。我建议嘉吉公司不要关闭橡胶部门，应该与马来西亚橡胶开发公司合并业务，打造一家独一无二的全球橡胶贸易集团。

在 1999 年时，嘉吉公司是一家很大的公司，其业务遍布 59 个国家，在全球拥有 8 万 2 千名员工，集团年营业额大约为 500 亿美元。

我去明尼阿波利斯市见到了嘉吉公司的副总裁，他认为我的建议有道理。按照这个方案，公司无需关闭橡胶贸易部门，还能满足新世纪的业务需求。当时，很多公司都在裁员，但如果采纳了我的建议，嘉吉公司就无需结束它在新加坡的业务，这不仅对公司来说是一个商机，也能正面提高公司的公众形象。2000 年 7 月，嘉吉公司和我签订了一份意向书，随后我回到了马来西亚橡胶开发公司。我向马来西亚橡胶开发公司报告了这个商机，同时提供了一份详细的商业计划书和一份经营观念的详细计划。

R1 的核心业务（包括合资公司供应协议）

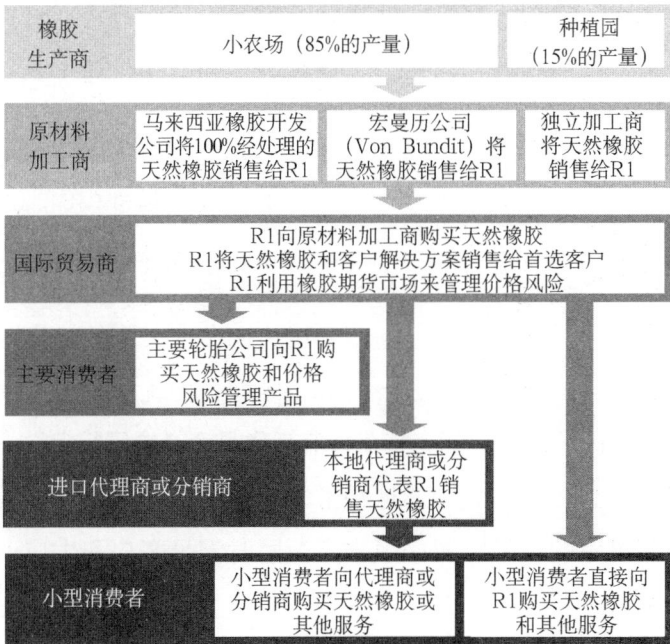

橡胶 生产商	小农场（85%的产量）		种植园 （15%的产量）
原材料 加工商	马来西亚橡胶开发 公司将100%经处理的 天然橡胶销售给R1	宏曼历公司 （Von Bundit）将 天然橡胶销售给R1	独立加工商 将天然橡胶 销售给R1
国际贸易商	R1向原材料加工商购买天然橡胶 R1将天然橡胶和客户解决方案销售给首选客户 R1利用橡胶期货市场来管理价格风险		
主要消费者	主要轮胎公司向R1购 买天然橡胶和价格 风险管理产品		
进口代理商或分销商	本地代理商或分 销商代表R1销 售天然橡胶		
小型消费者	小型消费者向代理商或 分销商购买天然橡胶或 其他服务		小型消费者直接向 R1购买天然橡胶 和其他服务

图 2-1　R1 的业务系统概念

　　我向董事会解释，马来西亚橡胶开发公司的优势在于加工，而嘉吉公司是一家全球贸易商。由于全球橡胶贸易的重心已经转移，我们有必要成立一家新的公司，这样才能在新的趋势中取得竞争力。根据我的设想，两家公司的结盟将产生一家新的、独一无二的全球橡胶贸易公司，它可以融合生产商、加工商、全球贸易商和风险管理者的能力，发挥协同作用，产生增值。我们的产品将变得更好，我们提供给买家和供应商的服务和解决方案也会更好。此外，我们还能抢占市场先机，取得优势地位。因为我们是第一家这种类型的公司，如果成功的话，我们将成为最大的龙头企业。

同时，我也认为现在的时机是正确的。行业已经发生了很大变化，新玩家是时候入场了。当你想创造新事物的时候，时机是非常重要的，正所谓"万事俱备，只欠东风"。现在正是与嘉吉公司达成合伙关系的恰当时机。橡胶行业目前存在一个真空区域，传统橡胶贸易商在这个区域内很薄弱，整个行业就像是个"夕阳行业"，包裹在愁云惨雾之中。这种形势产生了一个缺口，需要一家可靠的贸易公司来填满它，同时满足客户和供应商的要求。

在马来西亚橡胶开发公司，橡胶是唯一的产品。由于马来西亚的橡胶产量持续下降，我们注定会沦落为一家小公司。如果产量下降至某一水平之下，我们无法形成规模经济，甚至可能会被市场遗忘。

有一个很著名的水煮青蛙实验：如果把一只青蛙放在逐渐加热的水中，直到水变得很烫了，它也不会跳出来，最后就被煮死了。21 世纪初的马来西亚橡胶开发公司就像那只青蛙一样，如果我们不跳出越来越艰难的市场，最终将会伤筋动骨，甚至可能无法再存续下去。

我向马来西亚橡胶开发公司的董事会成员们强调了

这些情况，在新橡胶市场中的成功策略必须包括产生足够的业务量，使之来支持生产业务，并且找到其他方法使价值最大化。与嘉吉公司合伙可以扩大我们的业务规模，提高效率，从而实现规模经济。通过整合两家公司的加工、贸易和风险管理能力，我们可以寻找机遇来提高回报率、采用新的策略，并增加我们对全球期货市场的利用，这对马来西亚橡胶开发公司来说是一个全新的领域。

总之，整合两家公司的资产可以同时提高双方的市场地位，我们还能借此机会开发更多的细分市场产品、服务来迎合市场需求。新的公司结构还能帮助我们与客户、供应商之间达成长期、可信赖的伙伴关系。这意味着抛弃交易思维，转而建立战略合作伙伴关系，这对于所有参与者来说都是可行的。我有信心，我们最终将顺利创建一家新的公司。但事实是，我错得离谱。

R1 是如何诞生的

R1 的建立经历了一段艰难的过程。在投资一家新公司时，很重要的一点是，每家股东的利益都能得到体现。此外，所有合伙人对某些关键问题的共识尤为重要，因为这影响到合伙及业务关系能否达成。R1 必须获得全世界客户和生产商的认可，使其认为这是一家可靠、专业且独立的国际性公司，就这一点达成一致还是比较容易的。此外，更有挑战性的是，我认为应该将 R1 建立在一个中立的地点，因为这样才能吸引来自橡胶行业的各种利益相关体，包括专业人士、银行家和支持机构。新加坡是我的首选地点。

为什么呢？因为当时，主要轮胎制造商的橡胶采购部门基本都设立在新加坡，这意味着，尽管原材料来自泰国、马来西亚、印尼和其他国家，但采购行为发生在新加坡。结合这些优势，很多橡胶加工商也在新加坡开展业务，而且新加坡还拥有一家知名的橡胶期货交易所。此外，新加坡已经是全球公认的橡胶贸易中心，处理着全球 70% 的橡胶贸易量。新加坡是成立 R1 的绝佳地点，还有一个重要原因：新加坡拥有完备的贸易融资和仓储物流基础设施。

不过，马来西亚橡胶开发公司的股东们拒绝了这个提议。虽然他们支持这个项目，但是他们坚持认为，R1 的总部必须设立在吉隆坡，因为他们的民族主义理想是将马来西亚的业务维持在国内，他们认为这一点很重要。

我又一次碰壁了，我无法说服马来西亚橡胶开发公司的董事会支持将总部设立在新加坡的计划。如果无法满足这个关键条件的话，我不愿意再继续推进这个项目。

不过，幸运的是，我当时担任了林敬益部长的顾问，而他是主管橡胶行业的。利用与他见面的机会，我向他表达了我的抱负，解释了希望成立R1的原因，包括行业的状态，马来西亚国内的现状以及董事会的反应。

林部长是个很睿智的人，有很好的商业头脑。他理解我的观点，也了解政府官员的意见，毕竟他是一名政治家。林部长联系到总理，描述了整件事情，强调了即使R1将总部设立在新加坡，也能给国家带来很大的利益。最终，总理同意了林部长的建议，林部长来到马来西亚橡胶开发公司的董事会，让他们重新考虑设立总部的地点。

在重新审视了条件之后，董事会依然拒绝让步。但是，马来西亚橡胶开发公司的CEO很支持这个项目，坚信它能给马来西亚橡胶开发公司带来的好处。他跟我一样，希望看到马来西亚橡胶开发公司能够更进一步发展，所以他坚定地选择支持我。为了打破这一僵局，我们提出了另一个选项，在纳闽岛注册一家离岸公司，那里是马来西亚的一个自由贸易投资中心，但运营总部还是设立在新加坡。

到那时为止，虽然还有一些反对的声音，但董事会没有再拒绝我们。2001年3月30日，他们最终还是妥协了，同意了我们的计划，但要求只占新公司45%的股份。嘉吉公司的董事会已经在股东协议中同意占股30%，并拥有一项不可撤销的出售选择权，可以将股份出售给马来西亚橡胶开发公司。这保证嘉吉公司在成立 R1 的两年后，可以将股份出售给马来西亚橡胶开发公司，如果嘉吉公司选择行使这一权利，马来西亚橡胶开发公司不能拒绝。

为了避免承担过多的责任，马来西亚橡胶开发公司坚持一个条件，如果嘉吉公司选择行使这一权利，我应该以个人名义购买 14% 的 R1 股份。我相信 R1 一定会成功，而且，作为创始人，我认为自己有责任展示这种信心，所以同意了马来西亚橡胶开发公司的条件。

达成这些协定之后，我需要寻找其他有意向的股东来买下剩余的 25% 的股份。除了马来西亚橡胶开发公司和嘉吉亚太公司之外，我还需要来自其他主要橡胶生产国，比如泰国和印尼的合伙人。我接触了泰国最大的橡胶加工集团——宏曼历公司（Von Bundit），它的母公司是他威塞（Thaveesak）控股公司，由蓬塞·科德冯－布恩迪（Pongsak Kerdvongbundit）博士管理运营，该集团拥有四座加工厂和两千名员工，是全球橡胶行业公认的大集团。我以朋友的身份接触了他们，希望找到合伙人，和我一起做这个项目。

我还接触了印尼最大的橡胶贸易商——健印公司（Kian In Ltd），它由黄鸿美（OEI HONG BIE）拥有，他算是橡胶贸易行业的老前辈了。我慎重地选择了这两家公司，因为他们是世界上最大的橡胶生产商和贸易商，而且所处地理位置优越，我和他们的关系也不错。两家公司都觉得，没必要仔细考虑我提供的业务方案，他们只是简单干脆地问了一句："你希望我买下多少股份？"最后，他威塞（Thaveesak）控股公司买下了10%，剩下的15%由健印公司（Kian In Ltd）公司买走，R1成立所需要的100%的股份都找到了买家。

从2000年初到2001年3月，我克服了无数的障碍和挑战，努力将R1从愿望变成现实。最后，当一切尘埃落定，我很兴奋。创业的路上，要放弃很容易，但我坚持下来了，因为我由衷地相信这个项目一定能成功，看到它初具雏形，我很激动。但我完全没有察觉到，下一个打击正在等着我。

打击和解决

我回到嘉吉公司的亚太办事处，兴奋地告诉他们，马来西亚橡胶开发公司和其他合伙人已经达成了协议。公司代表带我进了办公室，让我坐下，给了我一个重磅炸弹。他告诉我，嘉吉公司打算退出合作。对于这个决定，他没有给我任何理由。当我离开办公室，走回酒店的路上，我感觉到震惊、困惑、压抑，我的脑子里不断地在问，这到底是为什么？我回去如何向马来西亚橡胶开发公司交代？我又该如何向健印公司和他威塞公司交代？

那天晚上，我在新加坡沿着街道漫无目的地走着，脑子里不断回顾着过去几个月的经历。我回想自己有没有行差踏错的地方，试着解决自己困惑的地方，去理解发生的这些事情。想了一会儿之后，我发现自己百思不得其解。在与嘉吉公司接触的整个过程中，我只跟两个人交流过——一个是嘉吉公司的总裁罗伯·麦克雷，另一个是嘉吉亚太公司的控制者杰拉尔·德索扎。他们二人对这个合作项目都很配合、很支持，态度也很积极。随着交易快要完成，似乎没有道理出现一位取代他们的人接过项目，然后告诉我，交易玩完儿了。

于是，我打电话给杰拉尔，把这个消息告诉了他，他也对此感到很吃惊。他当天晚上就会飞回新加坡，让我再多留一晚，第二天去嘉吉的办公室见面。我立马同意了。

第二天早上，我返回办公室与杰拉尔见面。听完我的描述，他打电话到明尼阿波利斯总部，很快，项目得救了。感觉像个奇迹！我发现，嘉吉的财政年度在五月份结束。三月底的时候，嘉吉没有收到马来西亚橡胶开发公司的回复，所以他们不知怎么就以为交易失败了。嘉吉需要在财政年度结束前确定是否合伙，而它认为，马来西亚橡胶开发公司的态度似乎不够积极。

　　出现这个问题的时候，杰拉尔和罗伯都去国外出差了，而我见到的那名代表从来没有支持过这个项目。他很高兴地告诉我，嘉吉不参与了。还好我给杰拉尔打了电话，他向我保证，我们将在嘉吉的财政年度结束前完成交易。

　　回到马来西亚之后，我尽快完成了股东协议，让所有有关方去审核。5 月 24 日，我们在嘉吉财政年度结束前签署了协议，R1 就此诞生了。在马来西亚橡胶开发公司服务了 28 年后，我面临着一个新的挑战。随着 R1 的诞生，我必须跨出新的一步，担任一家全新的、独一无二的纯橡胶贸易公司的领导。

　　此外，这也意味着我得搬家到新加坡去，这对于刚成立不久的新家来说是一种牺牲。我们不久前才搬到吉隆坡的新别墅里，不满三岁的两个儿子，喜欢在花园和游泳池里玩。我们的别墅花了两年多的时间才建好，它坐落在一片美丽的林区里，可以俯瞰一座高尔夫球场。更为难的是，我还没和太太商量过搬家的事。我直到交易完成后才有空跟她多聊一下，希望能说服她，搬家到新加坡对我们来说都是正确的选择。幸运的是，她选择无条件支持我，她同意随我搬家。我激动又坚定地期盼着新公司能够成功，克服一切新挑战，为后世留下一笔财富。

　　在商界，安于现状是不能一直保持成功的。想要走在前面，保持领先，这需要远见和愿景。最成功的人往往是那些能够看懂业内环境的人，他们定位清晰，能够驾驭现有与即将来临的趋势。领导者能够看到需求，抓住时机，发挥最大的能力，重新定义市场，这就是他们保持常新和可持续的原因。

商业环境一直在不断变化。真正的领导者了解这一点，他们追求不断进步，能够经受住行业内的各种变化，这就是管理者和领导者之间的差别。有时，公司误以为杰出的管理者也会是杰出的领导者，但两者的技能是截然不同的。商业领导者必须是有远见的人。我在 R1 取得成功依靠的是预测未来的能力，把公司定位在正确的方向。下一章主要讲的是领导者的品质，以及实现 R1 的愿景和使命的过程。

第三章

领导的（服务）职责

作为一名领导者，他的其中一项关键特质应该是目标明确。一个领导者如果连自己的目标都没有搞清楚，那么他自然也不可能完成这种目标。自 R1 成立之日起，我们就清楚自己想要达到什么目标。我们的目标是成立一家独一无二的橡胶贸易公司，重新定义橡胶行业，并成为全球橡胶贸易商中的翘楚。只有当目标明确时，我们才能决定走哪条路、用什么工具、聘用什么样的人才、利用什么样的资源。这又阐明了取得业务成功以及人生成功的另一项关键原则：胸有成竹，以终为始。

如这段全新合伙关系的名字一样，我希望选择一些立志成为行业第一的伙伴一起创业，不忘初心，走在行业最前线。在公关顾问的协助下，我们最终将新公司命名为 R1 国际。这个名字并不十分明显地展现了我们的目标："R"并不仅仅代表"橡胶"，同时希望当别人看到这个名字时，他们会了解，我们心中是有远大目标的。当我把名片递给别人时，他们一定会很好奇这个名字的含义；如果他们想了解我们的业务的话，他们就得问问题。当他们提问时，我就有机会解释我们的业务和创业的原因。

在还未真正上场之前，我们应该早已在心里打赢了这场战役。为了实现目标，我们必须设想好沿途的每一步。我们立志将 R1 打造成全球最大的橡胶贸易商，这一决心昭告了我们的一切选择。

为了实现这一目标，我们与嘉吉公司的合作关系就显得尤为重要，合作的一大好处是嘉吉公司在全球贸易行业的已有体系。从一开始，嘉吉公司帮助我们建立了贸易体系、运营体系、风险管理体系、信用控制体系和财务体系；当第一次上门希望与他们合作时，我就知道他们能给我们带来这些价值。我们的另一个目标是投资建立子公司；R1 必须在现有的橡胶采购和生产中心附近拥有办事处，这一点很重要。最终，我们在马来西亚、泰国、日本、越南等国家组建了公司，当然还有新加坡。多年来，我们的版图已经扩张到 9 个国家的 12 个区域。

我认为，一家组织必须因为某一目的而存在。如果没有明确的目的和方向，就算是最强大的公司也会日渐式微，最终被淘汰出局。明确的目标能够帮助公司持续发展。如果想要将组织内的所有人团结起来，朝着同一个目标共同努力，那么我们的愿景必须明确、鼓舞人心，比如 R1 的目标是成为全球第一的橡胶贸易商。

我们的"愿景宣言"表达了以下目标："成为全球第一的橡胶贸易公司，重新定义行业，提供响应型解决方案，帮助我们的合作伙伴取得更大的成功。"相比之下，我们的"使命宣言"则阐述了实现愿景所采取的具体步骤。在 R1，我们的使命宣言可以概括为三个词：服务、成长、共赢。这也是我个人的使命宣言。我相信，在人生里，我们每个人都应该做好事，同时，为我们生活的世界做出贡献。

作为公司的基石，根据共同的目标、价值观和信仰来发展一种健康励志的企业文化非常必要。在团队内部，成员必须建立起强烈的归属感和团队合作精神，创造一种开放式的交流气氛，让员工自愿地去学习和分享。在成立 R1 时，我还希望强调在工作中享受乐趣的重要性。自 R1 建立以来，诚信、正直和享受乐趣的能力一直在帮助我们取得成功。我们的企业文化就像一种神秘的胶水，把健康企业的所有元素都黏合在一起。

建立一家拥有这种深厚企业文化的公司，远不如听起来那么简单，但文化确实是一个组织最重要的元素之一。文化是看不见摸不着的，尤其是对局外人来说。但是，文化弥漫在公司的方方面面。我希望在 R1 工作的每个人都能感觉到，他们的付出是有意义的。

为了达到这个目的，我们必须找对方法，为所有利益相关者提供服务，包括供应商、消费者、股东、员工和行业合作伙伴等。"使命宣言"中所说的成长不仅仅针对市场规模、创新水平和产品范围，还包括服务的成长。通过完成这些使命，我们可以获得期望的经济回报、行业认可和利益相关者的赞扬。

这就是服务、成长和共赢成为我们商标的原因。这三个词印在我们的名片和所有的出版物上，指引我们在成功的道路上前行。

拥有愿景和使命

尽管《愿景宣言》十分宝贵，但它不应仅仅表达了高级管理层的观点。我一直希望关键团队成员和每位员

工都能践行这一宣言，在探索公司目标的过程中发挥作
用。我希望他们也能拥有公司的使命和愿景。

在公司成立后的几个月，我们组织了一场团建活动，
顺便与安达信会计师事务所开了个会，目的是了解外聘
顾问的观点。在活动的最后，每个人都贡献了自己的观
点，这些观点构成了"愿景宣言"的一部分。即使在今天，
我也一直努力确保 R1 员工的归属感，让他们感觉拥有公
司的愿景，由此，他们会坚信自己从事的工作。

我一直希望，在 R1 工作的人都有一种目标感。我从
来不希望他们只是来上班，像机器人一样服从经理的命
令，然后打卡下班，一天的任务完成了。如果问他们，
你们为谁而工作，我不希望他们的答案是为了 R1；毕竟，
那样能有什么工作积极性呢？我希望他们把公司愿景和
使命当作信仰，他们必须觉得是在为自己而工作，借用
R1 这个平台发挥自己的能力而已。当他们舍得为自己投
资时，他们同时也是在为公司投资。怀着这样的心态，
员工会有一种更强烈的目标感，进而更富激情地去工作，
创造价值。

在 R1 工作的人应该觉得自己增加了经验和知识，因
此他们的自我价值也得到了提高。公司通过在员工身上
投资来帮助他们提升自我。即使员工后来跳槽去了别家
公司，他们应该仍然会觉得，R1 的工作经历使他们变得
更有洞察力、更加自尊自爱、工作更有意义。为什么呢？

因为他们对公司的愿景做出了贡献，他们的作用非常重要。

这不是口头说说而已。我在进行离职面谈时，会特别询问前员工，他们在 R1 工作期间有什么感受。大多数人告诉我，他们在短时间内学到了很多，非常感谢 R1 给他们的这个工作机会。在我看来，这证明公司是真正在帮助员工学习和成长，员工认可我们对他们做出的投资，他们也乐于向其他人分享自己的知识。我很自豪，这是 R1 企业文化的一部分。

在这方面，R1 和其他大多数组织有着极大的不同。我们希望员工了解自己对实现公司的愿景和使命所做出的贡献，让员工拥有强烈的参与感，因为他们是整个项目的合作伙伴。作为领导者，我一直认为，让员工感觉到自己在实现公司愿景中起到关键作用很重要，这赋予他们承担责任的力量，使他们能够持续参与到集体的目标中来，拥有类似传道士般的虔诚。

这一点在远程工作环境中极具挑战性，R1 的大家庭已经分布到全球 12 个不同的区域。虽然员工相距遥远，但我们的文化、体系和流程是在线共享的，每个人——无论他们身在何处，都是互相联通的。这让大家都有一种感觉，我们是同一家公司的，属于同一个大家庭。

R1 聘用的员工拥有 11 种不同的国籍，所以，他们很难进行无缝交流。他们的交流方式、习惯、环境和语言有着天然的文化差异。但是，我们还是希望努力做到求同存异。其中一个最大的挑战是，如何说服员工放松自己，享受自己的工作。作为 R1 的总部，新加坡一直是公司的中心，因此也是我们文化的中心。新加坡籍员工习惯高效、规则为本的环境，很专注于生产力；即使是邻座的同事，相互间也很少交流工作以外的话题。这种气氛很没有人情味，也会造成很大压力。

我来自不同的文化环境，一直希望打造一种既努力工作又享受乐趣的团队文化。而在新加坡，这一想法面临很大的挑战性。在公司创建的头几年，我花了几个月的时间，想找到方法打破僵硬的气氛，试着改变那几个最聪明、最高效的新加坡同事的态度。虽然他们的工作表现都很棒，但他们的性格和行为都颇为死板，这和我的目的截然相反。

我不时把他们聚在一起，讨论如何才能把工作环境变得轻松些。我对他们说，每次走进办公室，我都会以为错走到了太平间。他们总是在电脑前安静地工作，很少互动，这与我想打造的团队文化完全不同。

一开始，我试图鼓励他们四处转转，跟同事多一些互动。我组了几次局，请他们去外面喝几杯，但就算是这样，他们也还是很少离开座位，也很少跟其他员工交流。我还招了几个擅长活跃气氛的员工进来，但老员工们还是死气沉沉的，拒绝改变。

后来，有一个最沉默寡言的老员工离开了 R1，气氛才开始轻松起来。我有时在办公室里放音乐，集体外出活动也比以前多。在指导员工或者与同事讨论重要事项时，我会离开公司带他们去附近的咖啡店里，希望为大家创造气氛融洽、乐于公开分享观点的环境。

尽管如此，新加坡籍员工还是花了一段时间才适应了这种开放、放松的气氛。即使今天，R1 的新加坡办公室还是和其他地方的办公室气氛不同，不像其他地方的员工会一起吃午饭、一起参加业余活动等。在想尽一切办法之后，我觉得自己还是得做出让步。新加坡同事相对严肃的工作态度已经成为 R1 的一个特色，我们天南海北的同事聚在一起时，甚至还会拿这个梗来调侃一下。

避免了一次早期危机

如你所想，培育一家国际公司的过程向来都不会是一帆风顺的。在成立 R1 的三年半后，从嘉吉公司过来的首席运营官（COO）突然离职，打算加入我们的竞争对手公司，成立一家新的橡胶贸易公司。更严重的是，R1 的贸易部、运营部和财务部的几个关键经理也打算跟着他一起辞职，他们以前在嘉吉公司是他的手下。这对公司管理层来说是一次地震，可能让我们这家年轻的公司就此完蛋。

比业务影响更严重的问题是，业内认为，随着那些来自嘉吉公司的关键员工的离职，R1 将变得岌岌可危。我知道，如果这种未经证实的负面消息散播出去，它很快就会变成现实。对手公司会带走我们最好的员工，那时我们就真的危险了。

幸好，我就驻扎在新加坡，距离旋涡中心很近。我嗅到了危险的味道，清楚应该马上采取行动，才能保住 R1。幸运的是，一名来自美国的嘉吉公司的高管最近刚刚提前退休，和家人一起搬到了马来西亚。他是嘉吉公司橡胶部门的创始人，也是我们刚刚离职的前任 COO 的师父。

我邀请他加入 R1，很幸运，他答应了。用前任 COO 的上级来取代他的位置，这个消息一传出去马上就打破了 R1 已经无人可用的谣言。R1 现有的员工消除了疑虑，危机解除了，我们再一次踏上了成功的征程。

每日一笑，打卡·百万

R1 承诺在员工之间创造愉快的工作环境，每天，我们向每位员工发送一份"每日一笑，打卡一百万"的电子邮件，这就是履行该承诺最好的证明。朝着一百万吨的年成交量这个目标，愉快地打卡每一天的工作，这个点子来自我的一位老同事；这个活动大受员工欢迎，如果哪天忘记打卡，还会有人提醒我们。

这个活动于2005年12月启动，目的是激励员工的工作热情，把大家团结在一起。我在马来西亚办事处的助理詹妮弗·何准备了一张表格，上面有我们全球办事处的每个人的名字。每天，轮到打卡的同事必须给整个公司的员工分享一个笑话，讲一个有趣的故事，或者分享其他有趣的事，即使他们正在休假或者出差，也不能缺席。

詹妮弗会把这些笑话和故事整理起来，我们希望有一天可以把它们编辑成册并正式出版，送给员工，也许还可以放到书店里卖。这个项目很成功，即使我们在2016年已经达成了目标，员工们还是把主题改成了"每日一笑，打卡二百万"，他们不希望这个活动停下来。

成长为一家真正的全球公司

对于公司多元化的劳动力来说，R1的愿景已经成为一种号召力，我每次在年度员工集体活动开场时都会强调一次。有时候，我觉得自己像一只鹦鹉，但它真的很重要。我们甚至希望大家能写一篇报告，阐述他们对公司愿景和使命宣言的理解。有时候，我们会拿这些宣言的重要性来开玩笑。比如，我们会这样调侃员工——如果他们背不出公司愿景，他们就拿不到奖金，加不了工资。这个方法确实帮助大家团结在一起，专心工作。

在不同的地点上班，通过线上联系的这种企业结构也帮助发展了公司文化。所有事情都能立即报告，公司里的每个人都能查看有关信息。透明的线上沟通让我们建立了一种合作感，即使相距成百上千公里也不是问题。

培养同理心是这一过程中的关键元素。大多数人才都有很强的自我意识，他们很容易掉入一种思维陷阱，认为自己存在的目的就是向别人提供问题的答案和解决方案。通过培养同理心，我们可以提醒自己，要认真听取别人的想法，不要只是做出防御性的反应。这在线上沟通时尤为重要，因为线上沟通时我们是听不到声调、看不到肢体语言和面部表情的。

团队合作一直是我们文化中很重要的一部分。相比任命一名单独的领导者，我们选择打造几个领导者团队，这样更容易分享工作中的好点子。团队中的成员可以与附近的同事互相学习，或者与不同办公地点的同事互相联系。必要时，他们可以相互挑战，或者　起合作，来解决问题。我们鼓励员工坦率并富有建设性；如果每个人都能分享自己的见解，那么我们就能想出那些无法单独想出的好点子。集体的利益永远放在首位。

我们很幸运，拥有才华卓越的团队，但是，我们要确保所有人的想法都不会过于自我膨胀，只想着怎么打败别人。如果一家公司拥有很多能人，其中有些人可能会想方设法脱颖而出，做最耀眼的那个。这个想法是好的，因为我们希望团队里的每个人都能发挥出最好的水平，这样团队的总体价值就会提高。但是，我们不希望有人在追求个人利益时危害到公司的成功，我们强调，每个人都是优良的个体，如果我们能通力合作的话，效果会更好。通过分享经验，客观而不是从个人角度去看待问题，我们可以一起进步。作为一个在严苛环境中求生存的小团体，我们可没空去搞什么办公室政治。

员工之间总会存在相互挑战、约束和障碍，但领导者应该努力把大家团结在一起。在 R1，我们的领导者类似运动队带队教练或交响乐团指挥家。我们拥有很多人才，这些人才像璞玉一样，需要我们去把他们打磨成最好的"前锋""后卫""守门员"和"音乐家"。我们怎么做才能把他们团结起来，让他们和谐共处，并达到需要的团队效果呢？

我们的领导者知道，一个人是达不到这种效果的。一个单独的领导者可能拥有很多经验和好点子，但这种点子的执行者才能实现预期的效果。在执行的过程中，他们必须对公司的愿景和使命充满激情，归属感促使他们去承担责任，责任感刺激他们去承诺取得成果，承诺激励他们去热爱服务、成长和共赢。如果所有这些元素都齐备的话，一家公司将茁壮成长。下一章主要讲述了这种成长。

第四章

公司成长

随着全球汽车产业的急速成长，橡胶行业在过去的几十年里发生了翻天覆地的变化。多年来，欧美消费者对橡胶的需求一直很大，橡胶被用作各种用途。由于主要在南亚种植，因此，橡胶从种植户那里漂洋过海到消费者手里要跨越很远的距离。种植户和使用者之间相距甚远，沟通不畅，贸易公司由此诞生，它们负责促进交易，从种植户那里收购橡胶，再把它卖到需要的地方。

在还未全球化的世界里，这些贸易公司的作用是很重要的。他们在种植户和消费者之间搭建了一座桥梁，成为重要的中间商。他们需要获得商品的所有权，为此承担相当大的风险。他们的目标是低价买入橡胶，再以高价卖出，赚取可观的利润。在过去，由于行业内的透明度不高，这些贸易商因此赚了不少，他们的商业技能也是毋庸置疑的。

我们现在已经很难回忆起没有网络的世界是什么样子了。当时，这些贸易商在联系业务时连电话都还没有普及，他们只能用电报联系，当今的大多数年轻人连听也没听说过这种设备，更别提用过了。

多年来，纯橡胶贸易行业一直是很赚钱的。早期的贸易商靠橡胶发家，然后去投资房地产、银行业和其他各种行业，形成了庞大的商业帝国。但是，在20世纪70年代，当我踏入这个行业时，纯橡胶贸易已经开始进入困难时期。虽然行业依然坚挺，但信息的传播已经开始威胁到橡胶贸易商作为中间商的地位。玩家数量增多，迫使贸易商做出改变去适应新的变化，扩张到行业的其他领域。橡胶生产国希望从西方国家引进投资者，在种植地附近制造各种橡胶制品，然后以成品形式赚取更高价值。这种发展恰好符合通信和技术的快速发展，橡胶贸易商的优势不复存在。

纯贸易商以前依靠特别渠道来获得市场信息，当开始失去这种优势时，他们的业务模式就摇摇欲坠了。另一方面，消费者、生产商和供应商之间更透明了，市场效率随之提高，久而久之，纯贸易商的利润空间越来越小。在 21 世纪，橡胶贸易的利润就像墙壁和墙纸之间的空隙那么薄——几乎没有利润。

在如此激烈的竞争环境中，创新型公司试图适应新环境，保持其商业地位。它们尝试的一个方法是在贸易功能的基础上，提供一些非贸易的增值服务。比如，大量公司已经开始涉足产品仓储、融资、保险、风险管理和运输领域，它们甚至担任实时服务外包提供商的角色。

进入新世纪之后，行业趋势进一步影响了橡胶贸易业务。生产商和消费者已经开始直接沟通，他们都认为，如果跳过中间商的话，他们都能赚到更多钱。从原材料到最终产品之间的信息流动变得越来越透明，新技术使农民了解了他们的产品卖到世界各地的不同价格。

同时，有一种新类型的贸易商已经进入了市场。它们是非现货金融贸易商，利用橡胶作为一种金融衍生产品。它们不参与橡胶贸易的实体业务，而是买卖合同和期货期权。它们的存在增加了市场波动性和价格扭曲，更严重地挤压了利润。有时，现货橡胶价格无法反映商品的真实价值，因为它们不包括生产、储存和运输的实际成本。不断变化的市场环境把现在的橡胶市场变成了完全不同的模样。

R1 的市场创新

在成立 R1 时，我们已经意识到环境的不断变化。我们的目标是找到新的生意方式，重新定义这个行业。当时，大多数橡胶贸易公司都是家族企业，很少有大公司参与橡胶贸易。虽然这些家族企业推动了行业的发展，但我们认为，是时候作为一家全球化公司来参与竞争了；我们通过合并马来西亚橡胶开发公司和嘉吉橡胶贸易公司的经营内容来实现这个目的，前者是生产商，后者是橡胶贸易商。通过结合两家公司的实力，我们马上成为一家全球性公司，在所有主要橡胶生产国和消费国都设立了办事处。

作为一家专业运营的机构，为了与那些家族企业区别开来，我们煞费苦心。我们尤其希望为消费者和供应商开发解决方案，让他们能够获得商业上的成功。对于一个不景气的行业，这一方法几乎可以说是一种大变革。

我们创立 R1 时，橡胶行业内已经有几百家公司了。消费者方面，最大的买家是一些跨国轮胎公司，比如米其林、固特异和普利司通等。几十年来，这些轮胎公司一直都是和家族式贸易商做生意；与大型综合性公司合作，对它们来说是一种新鲜的体验。我们可以向它们提供来自不同国家的各种产品，而且我们在消费者国家和生产商国家都设立了办事处。我们希望能和它们达成合作伙伴关系，为整个行业的成功做出贡献。因为我们在所有主要橡胶生产国都有办事处，这些国家的供应商立刻就被我们全新的、独一无二的商业模式打动了。

当时，大宗商品业务正在变得越来越交易化，买家对价格越来越关注，希望卖家提供 1/2 美分甚至 1/4 美分的折扣。对于 R1 来说，参与这种价格战的意义不大。我们问自己，怎样才能在市场中脱颖而出？如何超越这种交易化的模式呢？为了实现这一目的，我们找到了尚未满足的需求，想到了如何去满足这些需求的方法。

举个例子。对于生产商和消费者来说，维持供货的稳定性是很重要的。当消费者与小卖家交易时，他们可能以特定价格买入橡胶，然后，市场价格骤然上涨。在这种情况下，生产商可能宁愿毁约，也要去别处卖出更高的价格。这种情况确实发生过，尤其在 2008 年，当时，橡胶价格大幅上涨，使消费者蒙受了巨大损失。对于橡胶买家来说，他们处于进退两难的地步，他们希望继续采购橡胶，但同时希望确保自己不会被卖家毁约，或者受到其他金融风险的影响。

在 R1，我们可以向客户保证，不管橡胶价格如何上涨或下跌，我们永远会遵守合同约定。对于消费者来说，这是一项重大的优势。我们还可以以固定价格，提前销售未来一或两年的产品。虽然，有时候我们的价格比对手公司稍高一点，依然有很多人选择与 R1 交易，因为我们绝不会毁约，他们相信我们是一家以诚信为本的公司。

此外，R1 还重视将我们的商业合伙模式与家族式基于交易的模式区分开来。我们需要根据新的理念体系来工作，将买卖双方都视为我们的合作伙伴。我们投入时间、精力和金钱，让 R1 的每位员工都遵守这一理念体系，因为我们知道，只有与对方建立信任之后，我们的合伙关系才能成功。

建立信任是需要时间的。我们需要恪守承诺，优先考虑这种关系，而不仅仅是以长期合作关系的代价来换取最高的利润。为了保证 R1 的每位员工都能理解这一方法的重要性，我们安排了培训，让所有员工都牢记这种理念体系。行业内的其他公司都没有采用这种方法，这让我们与竞争者区别开来，也帮助我们领先于竞争者。

R1 的结构

我们早期的股东——马来西亚橡胶开发公司和嘉吉公司都是大公司，但它们在橡胶贸易方面的业务并不成功，因为它们不像小公司那样办事灵活敏捷。大公司就像油轮——体型庞大，强而有力，但略显笨拙；小公司则像快艇。我们需要找到新的方法，把大公司的规模优势和小公司精简灵活的优势结合起来。

R1 的基本业务定位是以合作伙伴为中心并抓住商机的能力，这深深嵌在我们企业文化的基因中。

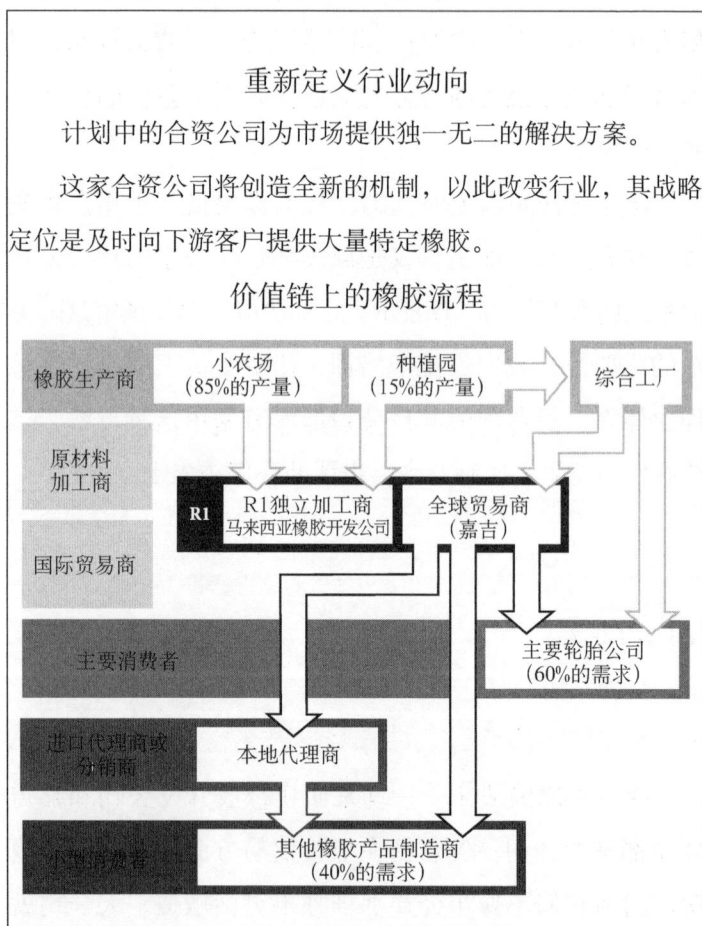

重新定义行业动向

计划中的合资公司为市场提供独一无二的解决方案。

这家合资公司将创造全新的机制，以此改变行业，其战略定位是及时向下游客户提供大量特定橡胶。

价值链上的橡胶流程

橡胶生产商	小农场 （85%的产量）	种植园 （15%的产量）	综合工厂
原材料加工商			
国际贸易商	**R1** R1独立加工商 马来西亚橡胶开发公司	全球贸易商 （嘉吉）	
主要消费者			主要轮胎公司 （60%的需求）
进口代理商或分销商	本地代理商		
小型消费者	其他橡胶产品制造商 （40%的需求）		

图 4-1　价值链上的橡胶流程

R1 业务——以合作伙伴为中心的模式

发展业务的关键工具，在饱和市场中的战略竞争优势

在过度拥挤的市场中，客户服务在产生价值和战略竞争优势方面起到越来越重要的关键驱动作用。

五大关键驱动因素：

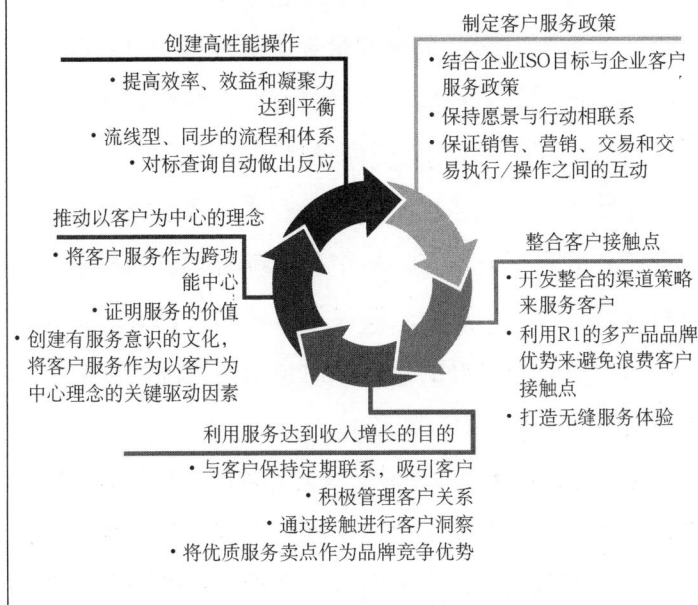

创建高性能操作
- 提高效率、效益和凝聚力达到平衡
- 流线型、同步的流程和体系
- 对标查询自动做出反应

制定客户服务政策
- 结合企业ISO目标与企业客户服务政策
- 保持愿景与行动相联系
- 保证销售、营销、交易和交易执行/操作之间的互动

推动以客户为中心的理念
- 将客户服务作为跨功能中心
- 证明服务的价值
- 创建有服务意识的文化，将客户服务作为以客户为中心理念的关键驱动因素

整合客户接触点
- 开发整合的渠道策略来服务客户
- 利用R1的多产品品牌优势来避免浪费客户接触点
- 打造无缝服务体验

利用服务达到收入增长的目的
- 与客户保持定期联系，吸引客户
- 积极管理客户关系
- 通过接触进行客户洞察
- 将优质服务卖点作为品牌竞争优势

图 4-2　五大关键驱动因素

　　为了最大限度地提高效益，我们在总部设立了一个核心团队，并在所有主要的生产和消费地点设立了小型团队。每个地点，无论大小，都构成整个公司的一部分。我们构建了一个部门贸易体系，从而满足多元化客户的

不同需求，每个部门代表来自特定橡胶生产国。从贸易角度看，每个部门的作用是管理某一特定市场或地理区域的风险。我们拥有六个部门，涵盖所有橡胶产地和等级。

橡胶一部是印尼标准橡胶（SIR）部门。正如它的名字所示，这个部门负责的是来自印度尼西亚的标准橡胶。同理，橡胶二部负责的是马来西亚标准橡胶（SMR）。橡胶三部位于泰国，负责的是泰国标准橡胶（TSR）。橡胶四部负责越南标准橡胶（SVR）。橡胶五部负责液态乳胶。最后一个部门负责原材料及相关制成品。

每个部门独立进行业务操作。这一体系将贸易管理的责任分散到不同地点，每个部门都有自己的权限、范围和盈亏（P&L）责任。授权每个部门自己做决策，可以帮助公司吸引最好的人才，而全公司范围的限制可以防止我们过度暴露于风险之中。

为了重新定义这个行业，我们必须既敏捷又有活力。此外，为了发展企业文化，使团队得到成长，我们应该给员工责任和机会，让他们能够掌握自己的职业生涯，这一点很重要。这种自由可以通过公开汇报来进行平衡，每个部门需要向管理部门汇报，并同时进行线上汇报，这样一来，每个部门的代表就能了解其他部门的业务规模及销售价格。

除了上面提到的六个部门之外，我们还设立了四个专门的分销部门，设立在中国、印度、美国和东欧等消费者区域，主要负责分销业务。在总公司层面上，我们设立了一个管理部门，负责监督其他部门的活动。相对应的，我们聘请了更有经验的贸易经理在这个管理部门工作。

作为一家贸易公司，R1有四大关键部门——贸易部、运营部、行政部和财务部。贸易部、财务部和运营部负责所有部门和分销区域的商业活动，而行政部负责监督公司治理和合规性。

我们认为，在整个公司内分散责任是很有必要的。其他公司在一个"超级交易员"的支持下开展工作，在这种情况下，公司老板负责所有决策，公司的所有事情都取决于老板一个人的决定。我们希望避免这种情况，所以，我们建立了一支贸易主管团队。尽管在不同的国家工作，但是他们所有人工作起来像单一实际团队。这一体系可以使整个公司保持强大，而不会让其中某个人颐指气使，拥有过大的权力。

对于贸易公司来说，超级交易员代表着巨大的风险，就算是大型跨国公司也不能避免。一旦失败，他们会对公司造成严重不利的影响。就算成功了，他们也可能会利用自己的影响力，要求过高的报酬，或者跳槽并带走团队成员，这会使公司处于风险之中。

雇用一名超级交易员不符合我们建设学习与分享型企业文化的决心。因为业务是不断变化的，所以我们希望 R1 有丰富的全球视野能够促进企业健康发展，这样，所有地区的员工都能够互相学习。

另一个关键是最大的可见度。我们希望已完成的工作能够马上出现在线上，这样公司的每个人都能从该信息中获益。我们在 12 个地区开展业务，并拥有全世界最好的橡胶贸易人才，我希望，即使有经验的员工离开了，我们还是能够确保公司可以继续兴旺下去。

为了养成这些好习惯，我们的重点是培养卓越的团队，定期聘请外部顾问来讨论团队行为和心理学。我们认为，每个员工都应该觉得自己像个企业家，承担起自己负责的那部分业务责任。更大的授权意味着更多的控制权和权力，所以，员工们有动力去做到最好。同样，为了最大限度地提高绩效，我们决定给表现优秀的员工提供丰厚的奖励。

风险管理的重要性

我们承诺给 R1 员工自主权，这在另一方面是为了风险管理。作为一家橡胶贸易公司，我们处在业务风险之中，所以，必须限制自己对风险的暴露，这一点尤其重要。

我们就像在狂风巨浪中航行的一艘船。如果没有方向盘和船舵，也就是公司的管理和控制体系，轮船很有可能漫无目的地在海上漂流，遇到危险，最后沉没。我们如何才能控制好船的航行方向呢？这需要明确的仓位限制，才能防止个人行为将公司暴露于过大的风险之中。

每个部门都设有仓位限制，未经风险经理和首席交易官协商同意，不得超过持仓限制。每次临时特批超过仓位限制都必须有正当理由。但是，在权限范围内，每个部门都有权使用所有的交易策略，包括橡胶现货与期货对冲交易、背靠背现货交易、期货合约间交易、套利交易和方向性交易。

在交易完成后，每个部门都需要立即精确地上报交易细节。无论某一交易员在什么时候进行了销售或采购行为，他都必须对整个集团进行线上报告。这一体系有几个目的：它向全球范围的所有团队成员提供了市场交易信息，同时进行了内部核对。因为每个人都能在线查看信息，所以很容易就能发现其中存在的错误。

除了线上报告之外，交易员还必须向风险管理、财务和运营等团队提供仓位报告。这些团队会严格审查仓位权限和风险价值（VaR）方面的合规性，企业风险经理会对任何不合规的行为做出处理。

除了这些措施之外，我们还设定了软损失限额（soft loss limit）和硬损失限额（hard loss limit）。当某一交易员达到软损失限额时，我们会提醒他审视一下目前的仓位，确定该仓位在长期是否能赚取利润。如果他对自己有信心，那么就可以继续保留仓位。但是，当这个交易员达到了硬损失限额时，他就必须马上进行平仓。这些措施可以防止集团暴露在任何危险之中。

当思考该如何运作 R1 时，我知道，我们必须避免过于依赖那些明星交易员。我的目标是创建一个高效的体系，能够促进公司持续改进、长期可持续地发展。

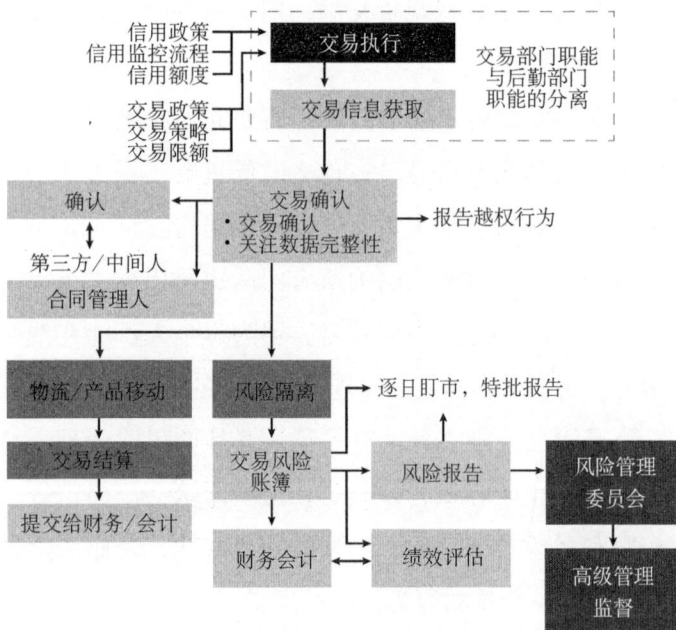

图 4-3　工作流程与控制职能

R1 的黑盒子

为了最大限度地发挥洞察力和成长的潜力，我创建了一个 R1 黑盒子。在市场中，我们的表现和成长一直在别人的关注之下，有时候，其他公司的代表会调侃说，R1 拥有一个秘密的黑盒子，里面有个精灵在指点他们怎么做。我们真的有一个黑盒子，但里面不是精灵，里面只有三个小房间，发挥着促进成功的作用。这三个小房间分别是：

图 4 4 R1 的 GTS 黑盒子

1.市场分析 （Market Analytics）

黑盒子里的第一个小房间是市场分析。我们在全球的交易员需要理解影响橡胶价格的因素和它们目前的趋势。这些因素有很多，包括世界经济的状态、橡胶需求和供应的基本面、汇率变动、全球政治、技术指标，甚至是气候状况。

贸易部门主管团队在每周一都会通过电话会议碰头，讨论技术因素、宏观因素和基本面因素，并对信息进行交流和分享。在这种会议上，主管们还能互相挑战，更新自己的观点，这样就能根据手头的数据做出更新、更好的决策。建立 R1 时，我们就知道，我们必须了解行业全局，并关注可能影响橡胶价格的所有元素。

R1 在每个橡胶生产和消费大国内都聘用了人才，并在此网络内进行全面投资。利用这一网络，我们可以获得重要信息，每位团队成员都能在各自的区域内分析相关信息。在每周举行的全球电话会议中，他们可以分享上周了解到的信息，随后设定下周的工作目标。这些电话会议及这个体系，反映了 R1 网络的实力。

2. 全球交易体系（GTS）部门

黑盒子里面的第二个小房间是 GTS 部门，GTS 指的是全球交易体系（Global Trading System）。我们建立了六个运营部门和四个分销区域，在每个部门都任命了一名部门主管，交易员协助其开展工作。每位部门主管的目标是成为当地市场的专家，利用知识帮助公司获益。每位部门主管每周都必须参加 GTS 部门电话会议，在会议上，他们需要提交一份预计下周活动而编制的交易计划。

这些活动计划描述了部门主管的采购和销售计划、期望的价格范围、期货市场中的交易策略、设定的斩仓限额和预测的潜在收益。在每次电话会议结束前，GTS部门协调人都会总结整个集团的策略和目标。这一会议也叫作行动计划会议，是部门主管日常工作的基础。GTS部门是集团核心收入的来源。

3．GTS重大机会 （GTS Mega）

黑盒子里的第三个小房间叫作GTS重大机会，由一些经验丰富的高级交易员组成。在类似橡胶市场的商品市场中，偶尔会出现重大持仓的市场机会。这种机会每年平均会出现两到三次。抓住这些重要机会需要面对很高的风险，但也能带来丰厚的回报。自R1成立以来，我们意识到，为了最佳地利用这些机会，我们需要定期碰头，主动去挖掘这样的机会。这就是GTS重大机会的起源。

当我们的高级交易员看到大型的市场机会，比如价格涨跌的方向机会时，他们会提醒团队成员。他们的责任是解析这种机会的参数，指出预期的买入和卖出水平，以及盈利的潜力。在这种情况下，如果预测有误，我们的交易员还会解析潜在损失，确定我们进行清算的水平。经验丰富的关键交易员会讨论计划，评估计划的潜力；如果所有人一致同意某项计划，那么集团就会去持仓。

重大机会并不代表着一定会成功。家族企业在持仓时，如果情况有变，它们能够马上退出，而一家集团必须打造一个体系来提前预测风险，严格执行纪律，并遵守风险管理策略。

必要的交易技术

有时候，我们可能不清楚纯贸易商是如何赚到钱的。我认为，其中关键的原则是在市场中找出低效率之处。传统的方法是，贸易商通过向供应商买入货物，并向客户卖出货物来赚钱。但是，在现代市场上，这种机会已经很少了。像 R1 这样的集团必须寻找其他方式，才能在市场上赚到钱，这个问题我们将在下文中进行讨论。

1. 方向性交易（Directional Trading）

方向性交易是根据我们对橡胶价格方向的评估而制定的策略，我们采用两套基本方法。根据对市场的完全分析，如果我们认为某一特定市场的橡胶价格会上升的话，那么我们会做多头交易。这意味着我们会买入，因为我们的预期是，当价格上涨到合适的水平，我们就能卖出或平仓，从而赚到利润。如果我们认为价格很可能下降时，我们会做空头交易，换句话说，就是我们会卖出，因为我们预期能够在不久的未来以更低的价格买入。

在橡胶行业内，各种不同类型的市场中都存在方向性交易机会。第一种是现货市场，交易员接受商品的交付（进行多头交易时），或承诺向客户提供产品（进行空头交易时）。第二种是期货市场，这一市场里不进行现货交割，商品一般在合约到期之前平仓。

方向性交易可以很赚钱。但另一方面，如果我们在持仓中犯了错误，那么就会遭受很大的损失，所以，在做决定之前，我们必须进行仔细的分析才行。

2．套利交易（Spread Trading）

R1 在本质上是一个套利交易者。在方向性交易策略中，可以独立进行多头交易或空头交易，而套利交易则需要同时进行多头交易和空头交易，其目标是根据多头交易和空头交易之间的预期关系变化来赚钱。下面我们来举一个例子。

我们假设，在新加坡市场上的两种不同类型的橡胶——SICOM3 和 SICOM20，目前的价差为每吨 135 美元。我们预测，相比 SICOM20，SICOM3 的价格会上涨，所以我们同时买入 SICOM3，并卖出 SICOM20。现在，假如我们的预测是正确的，SICOM3 和 SICOM20 之间的价格差扩大到了每吨 375 美元，然后，我们可以卖出 SICOM3 并买入 SICOM20，这样每吨可以获利 240 美元。

套利交易的潜在动力是一种赌注，我们打赌一种商品的价格浮动会比另一种商品幅度更大。从风险管理的角度来看，它的风险比单纯的方向性交易低。但是，和任何交易一样，它是具有一定风险的，有可能两种商品的价格都会朝着我们预计的相反方向浮动。如果发生这样的情况，我们会遭受资金损失。此外，更低的风险意味着套利交易比方向性交易的回报率低得多。

和方向性交易一样，套利交易可以在现货市场或期货市场中进行。在这两种情况下，交易的目的是一致的：为了从两种商品之间的价格变动中获利。现在让我们一起看看交易员在期货套利交易中的一些机会。

(1)商品间的套利交易（Inter-Commodity Spread Trading）。根据上文描述，这需要同时买入一种商品，并卖出另一种商品。这一策略通常是在单一市场中执行的，比如新加坡商品交易所（SICOM）。

(2)跨期套利交易（Calendar or Time Spread Trading）。这需要横跨不同日历月，同时买入和卖出相同商品。比如，为了交货，我们可以买入 SICOM3 七月合约并卖出八月合约。如果一名交易员买入近月合约并卖出远月合约，这个跨期套利策略就叫作牛市套利。如果七月合约的价格比八月合约的强劲，那么下注的交易员就可以赚到钱。相反情况下，如果一名交易员卖出七月合约并买入八月合约，这个策略就叫作熊市套利，这种相反的情况也是真实存在的。如果七月的商品价格比八月弱的话，那么以此下注的交易员也能赚到钱。这一策略也是在相同的期货市场中执行的。

(3) 跨市套利交易（Geographical Spread Trading）。橡胶期货市场不止一个，所以，交易员可以为它们之间的关系而下赌注。比如，我们可以选择在东京（TOCOM）期货市场买入，在新加坡市场（SICOM）卖出。当二者之间的价格差为每吨 395 美元时，交易员可以卖出 TOCOM 十一月合约，并买入 SICOM20 对应合约；当两者价格差缩减至每吨 195 美元时，交易员可以赚到每吨 200 美元的利润。

3．基差交易（Basis Trading）

严格来说，基差交易也是套利交易的一种形式。它是一种金融策略，即买入一种特定商品，并卖出相关衍生品。希望将风险降到最低的愿望推动了基差交易。交易员分别持有两种不同证券的多头和空头头寸，以期从其价值收敛中获利。与此类似，交易员可以卖出期货合约，从而管理他持有现货合约的风险。

期货市场的价格通常会与现货市场同时下跌。如果发生价格下跌，交易员现货多头持仓的损失可以通过期货市场空头持仓获利来补偿。

纪律的价值

在 R1，我们积极参与上文提到的所有形式的交易和风险管理活动。只有在进行完全的风险管理评估，包括分析基本面、技术面和经济因素——无论是微观还是宏观方面，只有相信风险回报率对我们有利时，我们才会实施这些策略。

为了进一步降低风险，我们执行斩仓机制。如果情形与我们的期望值相差甚远，我们可以通过这一机制了结目前的交易。这一机制也可以降低单独交易员固执坚持亏损策略而产生的风险。

虽然橡胶贸易没有什么秘密或者专利，但我们和其他类型的交易商有所不同。我们的公司组织是不同的，拥有独一无二的体系、流程和控制。

我们的关键区别化因素是纪律。家族企业通常是根据一个人，或者最多一个小团体的信仰来做出交易决策，公司老板可以赚到很多钱，但也可能损失很多钱，如果金额庞大，可能被迫倒闭。

作为一家集团，我们坚持的一项不可动摇的原则是始终确保充分遵守风险管理，其他贸易公司可能没有这种类型的管理。建立 R1 时，我们意识到，一家成功的纯橡胶贸易公司需要做到至精至简；我们必须专心致志，依靠经验丰富、积极主动并且富有企业家精神的人才。

正如下一章中讨论的那样，橡胶贸易是一种具有风险的业务，它需要牢固的体系，尤其是世界一流的风险管理。为了取得成功，我们必须面对风险，但是，如果我们想持续成功的话，降低风险同样很重要。

第五章

企业风险管理

橡胶是全世界最不稳定的贸易商品之一。橡胶贸易是一个高风险的行业，没人能保证成功。行业由两个互相交错的市场构成：一个是现货市场，买卖双方互相交易不同来源地、不同形式的实体橡胶；另一个是期货市场，由远期期货和期权合约构成。期货市场的玩家包括现货贸易商和非现货贸易商，非现货贸易商主要是投资者和商品基金投机者。虽然我们的主要业务在现货市场，但也必须参与期货市场，才能管理好风险。现货玩家和非现货玩家的存在导致市场内的价格波动和流动。我们应该坦然面对这种波动性，把它看作潜在的利润来源，而不是回避它，我们应该试图运行一个体系，以实现利润最大化，同时损失最小化。我们把这叫作"企业风险管理"。

企业风险管理（ERM）是一种综合的、完全整合的风险管理体系，能够识别并评估潜在风险，应对它们可能导致的损失，我们所有的交易决策都是根据这一流程而做出的。它是一种流动的、不间断的体系，渗透在整个公司、所有员工，以及我们在 12 个区域所进行的所有活动中。这套体系还能向我们的股东和董事会确保，虽然我们的业务存在风险、价格存在波动，但我们有能力管理好所做的每一件事，确保业务成功。

作为一家全球贸易公司，同时也是一家实体公司，R1 是一个很复杂的组织。交易随时在全世界范围内发生，并且受到各种事件的影响，比如政治局面、金融市场和国内外冲突等。

为了确保设定明确的参数，从而确定能够承担的风险的范围并不超出限额，我们必须进行企业风险管理。这一体系到位后，我们的交易员就会有信心、有勇气在这一复杂多变的市场中进行业务操作。在公司的支持下，这些交易员将发挥企业家精神，自由地做出交易决策，制定交易策略。作为一名优秀的交易员，他的关键特征应该是服从纪律。当一名交易员做出交易决策时，他的目标是获得收益，尽管如此，他也明白，如果交易出了某些问题，他将面临亏损。

优秀的交易员会分析交易的决策，以此确定风险回报率。如果一笔交易的风险回报比为100：30，那么意味着交易员有可能挣到一百美元，也可能亏掉三十美元。如果交易员决定进行交易，那么说明他已经了解了这种风险。

没有良好的风险管理，我们业内的公司可能遭受严重的业务损失。在类似橡胶贸易这样的不稳定行业中，我们可能经常会遭受损失。但是，我们必须确保这些损失不会太多，至少不能是致命的。没有企业风险管理，我们就像一艘没有雷达的船，会在恶劣的海洋环境中迷失方向。风险管理对于企业的生存来说至关重要，这已经成为我们企业文化中的一部分，渗透在公司业务和运营的方方面面。它是R1基因的一部分，涉及所有团队成员和所有公司活动。

图5-1清楚地显示了R1风险管理实践中的关键元素。我们知道，风险构成我们业务的一部分。接受这一事实之后，我们收集有关风险的信息，分析风险的严重程度，并管理好风险，从而确保它们不会对公司造成重大危害。

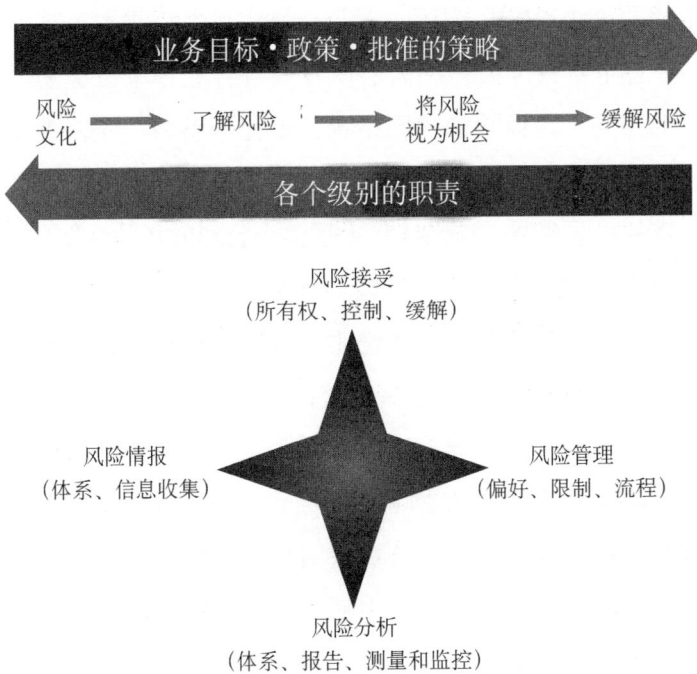

图 5-1 风险框架：治理和实践

企业风险管理框架

R1 的风险管理框架由三大关键部分构成：

(1) 风险治理。风险治理是指我们总体的组织结构和企业文化，它在鼓励 R1 交易员抓住机遇的同时，促进了风险识别。它概括了公司政策和策略，明确定义了相关主体的责任和权限范围。

在董事会、公司决策层以及来自各业务单位交易团队的参与下，风险治理网络进行了充分整合，使相关指导方针从上到下贯彻在公司体系中。董事会批准并定义特定的风险参数，这最终代表了整个公司的风险认知。

(2) 日常风险管理。风险治理是通过日常风险管理来补充的，日常风险管理在企业风险管理主管的领导下独立运行，企业风险管理主管直接向总经理和董事会报告。

(3) 风险管理委员会。这种由上至下的治理结构也受到风险管理委员会的影响，该委员会由董事会成员和高级交易员组成。委员会负责识别我们的风险敞口，分析个别风险，确定风险的高中低水平等，财务团队、风险管理团队和交易员会协同完成分析。

这一风险管理框架涵盖 R1 业务的所有关键领域，比如策略、运营、市场和信用敞口等，并通过内外部审计得以进一步扩张。同时，我们利用信息技术在线了解持有仓位，有关人士会持续收到关键的信息指标。

这三大元素构成了一种强烈的风险管理意识文化。我们通过以下途径强化这种文化认知：向员工强调风险管理的重要性，采用通用的风险用语，并定期检查运作是否正常。

R1 想要成功，就必须将风险管理意识灌输到众多员工的心中。很多公司都拥有牢固的风险管理体系，但它们忽略了在交易员中建立风险管理意识和强调纪律性的重要性。为了确保我们的风险管理尽可能有效，我们所有的交易员都必须完成内部的风险培训项目，项目的培训师为高级团队成员。

风险管理的一项补充元素是在集团内定期检查风险管理的有效性。在 R1 体系内的每笔交易都需要进行线上报告，风险管理团队也会采集信息，以便了解交易员的活动并评估风险水平。

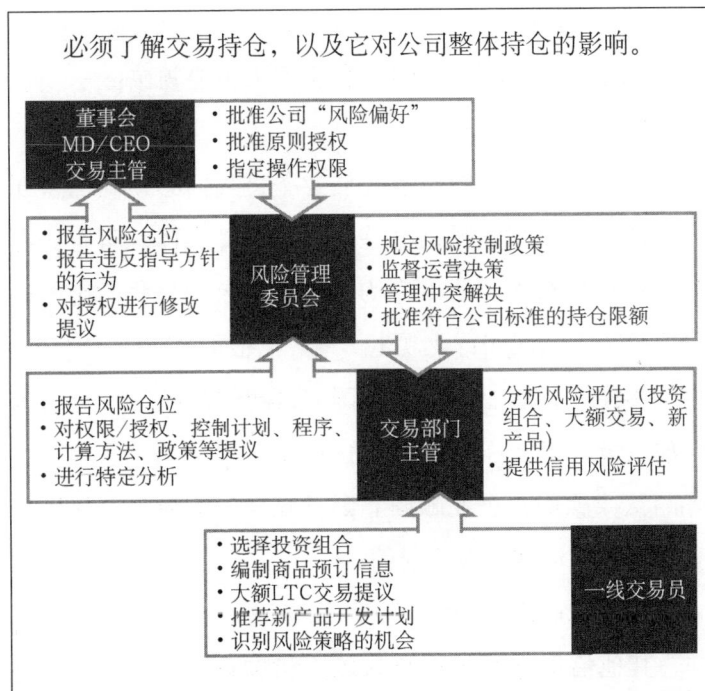

图 5-2 控制体系

图 5-2 显示了负责管理 R1 风险敞口的人员和流程，从董事会到风险管理委员会和一线交易员，在了解、评估和解决风险的过程中，他们每个人都扮演着独一无二的角色。

风险的五大核心领域

R1 的企业风险管理体系涵盖五大主要领域：

1. 企业风险治理

我们在九个不同国家开展业务，我们必须确保遵守每个国家的法律法规。有些国家对境外实体的审查比国内公司严格很多，所以作为一家外国公司，我们必须遵守所有法律法规和行业规定，这一点很重要。

在我们开展业务的每个国家，我们都把这一点视为一项政策，来监督 R1 的活动和诚信。我们聘请了信誉良好的法律顾问、企业顾问和财务顾问，向董事会保证，我们的企业治理是很严密的。

2. 交易与财务风险

其他治理方面包括交易风险和财务风险，而前者是我们面对的最大风险。如果市场价格的波动风险没有得到对冲，它们很容易导致公司倒闭。为了保护公司，我们采用各种对冲与风险工具来管理商品风险、流动性风险、质量风险、市场和产品多样化风险。我们必须有效地评估和管理这些领域的风险，这样才能确保我们能够安心地开展业务，向我们全球的交易员授权。

财务风险与流动性、利率、对手方信用和现金流管理有关。调节和控制这些风险领域由首席财务官负责，并需要在交易团队、运营团队和财务团队的支持下进行。

3．运营风险

第二大核心风险领域是运营风险。这是一个稳定的类别，不受市场价格变动的影响，包括对运输问题、破损货物、质量投诉和文件错误方面的关注。这一领域内的另一种潜在风险是交易员没有报告每笔交易，或者超过了允许的限额。

此外，我们必须管理好与其他公司，比如供应商和客户的合作活动所产生的风险，这叫作对手方风险。如果某位客户违约，将会对我们的财务状况造成影响。因此，我们拥有健全的对手方风险评估体系。

4．信息技术风险

作为一家实体公司，我们的第三大核心风险领域是信息技术。如果我们的在线系统遭遇不必要或计划外的故障，后果将不堪设想。作为一家全球化的公司，我们对这些系统的依赖程度很高，它们是公司的支柱，向我们提供了管理和控制风险所需的所有工具，这就构成了与我们业务有关的信息技术风险。因此，我们同时聘用了一个内部团队和一个外部团队，来保护公司的信息技术系统，避免系统被破坏的风险。

5. 人力资源风险

我们的最后一个核心风险是人力资源风险。我们采取一切可能的措施，希望员工能够愉快地工作。公司就像一个大家庭，R1 的每个团队成员都是一项宝贵的资产。我们的人力资源政策是向每位成员提供工作所需的所有必要的培训和发展机会。当团队成员达成自己的目标时，公司也就达成了目标，我们很了解这一点。

尽管如此，这一领域还是存在风险的。如果我们突然流失了许多员工，就会对公司造成较大的负面影响。因此，我们几经努力落实相关政策、组织结构和监督管理，希望公司免于员工流动性过高带来的风险。

在成立 R1 的三年后，来自同一个地方的一整组高级员工突然全都离职了。因为他们的职位颇高，他们的离开可能对公司的整体运营带来不利影响，那些离职的人自然也是这么认为的。我最早构思 R1 时就知道，是人才造就了公司。我希望将这一原则牢记于心，我们能够管理大批员工离职带来的风险，但我也清楚，我不能百分百确定员工会对公司忠诚。

在上面提到的那些员工离开 R1 之后，橡胶贸易市场上流传着我们公司即将倒闭的传闻。大多数人认为，遭遇这么大批量的员工流失，公司肯定撑不下去了。幸好，我们成功地解决了这次危机。我们建立了一个体系，当核心团队成员离开时，我们在岗的领导成员能够承担起另一个岗位的管理职责。这一体系发挥了完美的作用，我们所有的业务运营都很平稳，即使某个地方的团队出现空缺，我们也能够像一个完整的团队一样工作。

避免风险的最佳方法是提前做好准备，所以，我一直认为，我们必须对不利情况做好准备。人力资源风险是一个很大的实际威胁，任何一名团队成员都可能随时离职。我从不希望他们真的离开，但我总是会事先准备好应对方法。

这就是 R1 不聘用超级交易员的另一个原因。我们拥有一个交易主管体系，交易主管们会定期在不同地点之间流动，比如新加坡、马来西亚和日本。因此，一旦有人离职，我们很容易就能减轻损失。

一个分支风险领域是业务连续性。我们所有的运营中心都是连通的，所以，任何一个中心都不能停止运营，一旦发生停运，我们所有关联方都将受到影响。由于意识到这一风险，我们打造了一个简单的体系，即如果某一地点由于任何原因而停止运营，则另一个地点可以立即接管工作并继续运营，不会造成长时间停工。

这　体系在 2002 年经过了考验，当时，整个世界都受到了非典（SARS）的影响。为了控制疫情的传播，整个国家或者某些地区都可能隔离或停止运转。我们担心自己的业务连续性会受到影响，但幸运的是，我们的体系经过了考验，哪怕遭遇大灾难事件，R1 也能保持运营。

图 5-3 显示了我们认为的风险重要等级。如果忽略了可能导致重大灾难的风险，那么管理好次要风险也没有用。因此，我们必须理解，哪种风险对于 R1 的平稳运营来说威胁最大，比如橡胶价格的不稳定性，哪种风险是比较次要的（但仍然重要），比如报告和流程风险。

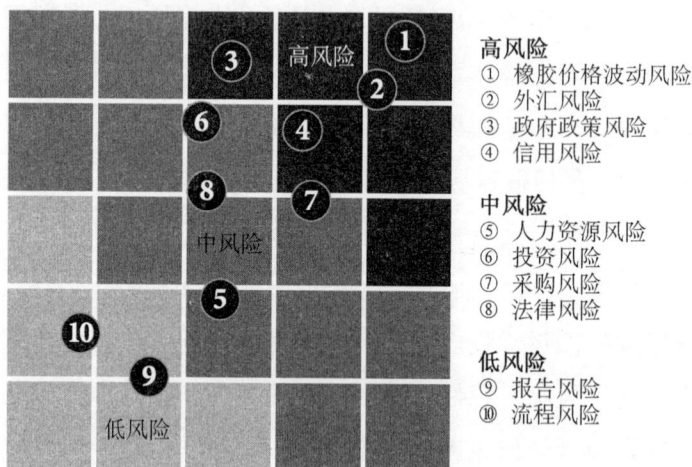

高风险
① 橡胶价格波动风险
② 外汇风险
③ 政府政策风险
④ 信用风险

中风险
⑤ 人力资源风险
⑥ 投资风险
⑦ 采购风险
⑧ 法律风险

低风险
⑨ 报告风险
⑩ 流程风险

图 5-3　R1 风险矩阵

风险管理体系的重要性

自 R1 成立起，嘉吉公司一直在帮助我们意识到企业风险管理的重要性。在我们建立自己的体系时，嘉吉公司从美国派员工过来，帮助我们遵循它的风险管理观念。

上面几章中提到，大多数贸易公司都是小型的家族式企业，这些公司是根据老板的意志运作的。因此，它们不认为自己需要风险管理体系，当危机发生时，全靠老板一个人做出决策。

但是，对于 R1 这样的大集团来说，这一方法是不可行的。除了无法化解风险可能给公司带来的潜在危害之外，我们还需要向外部合作伙伴——比如银行——证明公司运营的稳定性。当银行贷款给我们时，它们将面临很多风险；为了使银行安心，我们向它们提供了运营状态的公开报告，这有助于增强银行在与我们合作时的信心。

假设我们有 6000 万美元的资金，在这种情况下，银行最多可以借给我们 5 亿美元进行贸易融资。但是，只有在相信我们拥有良好的风险管理体系、遵守纪律的交易员和良好的历史表现时，他们才会借钱给我们。我们可以利用好来自银行的这笔资金，开发业务，帮助公司成长，从而再次加强与银行的关系。

我们的风险管理体系也能让对手方感到安心，比如橡胶供应商和向我们采购橡胶的客户。他们知道，我们拥有稳健的风险管理风格以及来自银行的资金支持，因此，他们在和我们做生意的时候感到放心。

良好的风险管理虽然看起来很严格，但是也能让我们的交易员在工作时感到自由，因为在事先设定的限额内，交易员有权自行决策。强大的风险管理体系还能让我们的股东和董事安枕无忧，如果他们有什么疑问的话，可以查看我们的内外部审计，这些审计证明了我们的风险管理体系是有效的。

多年来，风险管理已经成为公司里每个人的一种行为习惯。尽管如此，面对不断变化的市场条件，我们还是必须确保不断加强风险管理。为此，我们会对风险管理功能进行年度评价。

此外，我们还聘请了外部顾问来分析风控体系，提出改进意见。过去，我们曾聘请过来自世界各地的顾问，包括瑞士、印度和美国。风险管理是一项重要的导航工具，因此，我们必须同时从内部和外部去进行审查，从而保持不断改进。

商业环境并非一成不变，所以我们也不能原地踏步。快节奏的技术变革对全球贸易具有重大影响，强大的计算机处理能力和算法的出现，让投机者和商品基金之类的新玩家进入行业，这种发展带来了环境内的许多波动。

我们必须维持并改善自己的风险管理框架，这一点变得越来越重要。

风险管理不能纸上谈兵，必须运用到实践中来。政策必须清晰，好习惯必须养成。为了保持行业地位并继续发展，我们需要找到对的方法，走在行业前端。为此，有效、灵活且不断进化的企业管理体系对于 R1 的可持续发展来说是很重要的。风险管理不是静态的，也不是一种公关工具。我们必须推动员工在实现目标的过程中自觉秉持这种理念，这是企业文化的重要内涵。

在下一章，我们将讨论 R1 最重要的一个方面：人才。

第六章

全球大家庭

作为一家纯贸易公司，R1没有任何实物资产，比如工厂和机器。我们的业务是以人为基础的，公司取得的成就都是R1员工的功劳。在业内，相比竞争对手，我们聘请了更多的优秀人才加盟，他们是行业里面的佼佼者。

我们的员工来自11个不同的国家，核心管理团队中的很多成员拥有超过25年的行业经验，我一直认为，R1的成功离不开他们丰富的工作经验。公司全球领导班子成员的橡胶交易工作经验加起来超过五百年，我自己已经在橡胶行业工作了超过 43 年。此外，R1 领导班子中超过 60% 的人都是公司的开朝元老，公司总体的员工保有率是很高的。

创立 R1 之初，我们就知道，公司最重要的就是人才。同样重要的是，留住这些人才是公司持续保持成功的关键因素。作为公司的创始人，自然怀有雄心与激情，但是，光靠一个人的努力是无法让一家公司成功的，我们需要团结那些能力胜于我们的人一起奋斗。最终，成功取决于我们选择的团队成员，那些怀有相同愿望、激情、能量和奉献精神的人，那些把公司愿景当作自己愿景的人。

我之前已经提到过，成立 R1 的目标是打造全世界最大的橡胶贸易公司。要想实现这个目标，我知道，我们必须帮助所有的合作伙伴实现更大的成功，并且必须创建一种有效的企业文化——以公司战略方向为基础并能体现出众志成城的决心。

在公司成立之初，所有关键的管理成员都参与了这种企业文化的建设。他们负责探索我们的核心竞争力，评估外部环境，设立关键策略，并建立业绩考核制度。他们还帮助我监督公司战略的实施。

公司的使命被概括为三个关键词：服务、成长和共赢。这三个关键词打造了一种团队精神，促使我们追求最佳的表现。即使到了今天，我们也称自己是橡胶行业的奇迹。

我们是一家有凝聚力的公司，业务遍及全球，但我们又是一个团结的大家庭，人人为我，我为人人，就像三个火枪手那样。

我们建立了一种战略性的管理文化，明确地将我们的愿景和使命、价值观、战略目标、公司目标和个人目标联系在一起。这种文化构成了公司的基因，使我们成为与众不同却紧密团结的全球大家庭。尽管如此，取得这一成绩的过程并不是一帆风顺的。

在建立 R1 之前，我曾牵头进行了一个并购案，将意大利的一家乳胶丝制造商引进到马来西亚。并购案的物流部分进行得很顺利，但是，想要把来自意大利和马来西亚的人才整合到一起却复杂得多：他们来自不同文化背景，拥有不同习俗和饮食偏好。

因此，当我建立 R1 时，就做好了迎接困难的准备，让不同背景的人才能够和谐地在一起工作。马来西亚橡胶开发公司和嘉吉公司都提供了宝贵的实践、流程和体系，两家公司带来的卓越人才，对 R1 做出了很大贡献。将两家公司的流程整合到一起还算顺利，但是，将那些拥有不同能力和观点的人才整合到一起，才是一项巨大的挑战。

马来西亚橡胶开发公司是一家加工型企业，拥有出色的销售和市场业绩。而嘉吉公司是一家全球贸易公司，拥有良好的信誉和卓越的风险管理能力。这两方面的优势都是 R1 所需要的，有了它们，我们才能把 R1 打造成一家成功的全球公司。但是，我们如何才能将两股不同的势力融合到一家组织中呢？

虽然我明白这是一项挑战，但我还是低估了两组人对彼此的看法有多么不同。无论是马来西亚橡胶开发公司的人，还是嘉吉公司的人，他们都认为自己才是能力强的那一方。

嘉吉公司的交易员来自多个国家，他们认为自己的能力很强，看不起那些加工行业背景的员工。同时，由于马来西亚橡胶开发公司是 R1 的最大股东，马来西亚橡胶开发公司的交易员觉得嘉吉公司过来的人太势利。马来西亚橡胶开发公司的员工认为是马来西亚橡胶开发公司给了嘉吉公司交易员新的工作机会，所以，嘉吉公司的交易员不应该看不起他们。虽然这两股势力把彼此之间的不同看作很大的问题，但我觉得，这些差异同样代表了 R1 最大的实力。

虽然已经意识到了这些，但我还是判断失误了。由于我来自马来西亚橡胶开发公司，所以，我特别希望嘉吉公司的人能够觉得，R1 的工作环境很舒适而且他们也是受欢迎的，我希望他们能够明白自己是新团队中不可或缺的一部分。可惜的是，这却引起了来自马来西亚橡胶开发公司的一些员工的不满。

或许你熟悉圣经中浪子回头的故事。从前有一个人，他有两个儿子，一个儿子很孝顺，一直和父亲住在一起，另一个儿子拿着财产到处挥霍，最后身无分文，回到家找父亲忏悔。父亲原谅了那个悔改的儿子并对他很好，搞得那个一直很孝顺的儿子很生气，难道不是他更值得父亲喜爱吗？

我在成立 R1 合并两家业务的过程中遇到了同样的情况。我想方设法取悦团队的新成员，结果搞得我在马来西亚橡胶开发公司的老同事觉得他们的"父亲"偏心新来的"儿子"。公司搬到新加坡以后，他们的这种想法更加强烈了，因为新加坡是嘉吉公司的亚太总部。

我意识到，没办法马上消除这种隔阂，于是我开始徐徐图之。两个本来在吵架的人，因为出现了共同的敌人，就会一致对外，所以我想，如果 R1 的两股势力有了共同的目标，那他们会不会就能够握手言和了呢？我邀请了一名外部顾问，带上所有员工一起外出团建，让他们一起研究公司的愿景和使命。

我们在一个风景秀丽的地方开始了这场破冰之旅，一起去探索一个共同的目标。大家开始意识到，他们不再是马来西亚橡胶开发公司和嘉吉公司的员工，而是一个新团队的成员了。久而久之，经过不懈的努力和开诚布公的谈话，他们找到了可以一起奋斗的愿景和使命，最终团结成一个全球大家庭。从那天起，我学会了如何管理人才。

培养团队合作

在我看来，有信仰的人往往充满激情，精力四射。这是因为他们受到了信仰的激励。把所有人团结在一起，一同奔赴一项使命，就好像创建一种信仰。

企业文化的基础是共同的价值观。在所有的价值观中，最重要的是团队合作。人才可以让公司成功，一种有益的企业文化能够把一群普通人变成一支优秀的团队。

建立团队需要几个关键的价值观，第一点是清晰。想要成功，团队成员必须清晰地知道，他们在朝着共同的愿景而努力，他们的组织是为了一个目标而存在。共同的信仰能够带动激情，而清晰的价值观能够使团队团结在一起。

团队合作的第二个重点是授权。在工作中，我们需要所有关键领导者都能像企业家一样思考和行动。如果一个人能够激励自己的团队成员，让他们觉得自己有权力做决定时，他们的工作积极性就会变高。只有当他们了解自己的责任，知道他们有权力做决定时，才能实现这一点。授权会使员工对团队和整个公司更坚定、更有责任感、工作更上心。

开放式交流是团队合作的第三个重点。团队沟通必须以诚实、坦率和尊重为基础。为了在充满压力的环境中成功，团队成员必须像家人一样互相信任。每个人都必须了解团队中其他人的性格，做到优势互补。

团队合作的第四个重点是保持好奇心。作为团队的一部分，成员们需要从不同的角度看待事物，大家互相学习，这会将整个团队带到一个新的水平。为了克服重重挑战，团队成员必须培养互相学习、共同成长的能力。

成熟是团队合作的第五个重点。当团队成员寻找化解矛盾的方法时，成熟就显而易见的重要了。公司的利益必须高于个人的利益，从这个角度出发，团队成员将变得更为成熟。同时，这也能暴露那些没有把团队合作放在个人目标前面的人的缺点。

一支强大团队的最后一个重点是享受乐趣的能力。团队成员在工作环境以外的地方聚会时，应该感到愉快，尤其是在那些非正式、放松的场合。在 R1，我们经常一起出去喝一杯，在有些国家，我们会去唱卡拉 OK，这是一个一起放松的好机会。在公司创立之初，公司全球领导班子一起参加团建活动和休闲度假，我们通常是去海边或高尔夫度假村，那里更能促进开放式交流，培养员工之间的友情。

我希望集团全球办事处的每个人，都能像我一样热爱 R1，所以，我花费了很多时间和精力，在公司里打造积极的精神和坚实的团队合作精神。对我来说，公司内部团结一致，员工积极工作并发挥最好的表现，这是非常重要的。

你可能想知道，这里提到的价值观是如何实践的呢？在其他公司，重大决策权一般都掌握在一到两个人手里，而在R1，每个地方的领导者都可以在团队的协助下参与决策过程。我们的贸易团队每个星期都会通过视频会议系统碰头，他们借此机会讨论接下来的业务，以及他们在市场中遇到的挑战和机遇。通常先是小组讨论，最终由整个团队一起做出结定。

作为一家实体公司，我们能获得很多信息，并可以利用这些信息来制定策略和相应的行动计划。当团队成员间达成一致，专注于团队的共同目标时，他们就容易找到最好的办法利用机遇、化解市场风险。如果团队里的每个人都能够坦诚、自然地相处，相互分享知识和经验，那么团队就能做到最好。总而言之，应该将团队的需求放在首位，这样，好点子就能转化为解决方案。

我们相信，三个臭皮匠胜过诸葛亮。为了不同的目标，我们每周、每月和每年都会开会，但有一件事是保持不变的：力求公司维持强大的凝聚力，我们一起达到最好的结果。

优秀的企业文化能够培养团队合作，还能使员工自尊自强。员工了解公司的发展方向，进而明白自己对公司完成目标的贡献。当认识到自己的努力能够影响公司时，他们会更积极地工作，希望能够给公司带来积极的影响。

　　当员工认识到自己的价值时，他们会去努力了解公司，了解自己的作用，了解自己怎样才能创造不同。开放式交流和透明的企业文化能够增强他们的信念。每天，员工都有机会加强自我价值感，为公司创造价值。

　　这使员工充满了成就感和职业满足感，他们很快就能实现自我强化。当人生进入了正确的方向，个人的成熟度和稳定性自然就会增强。当员工在工作中实现了自我满足，他们的家庭生活也会变得更健康、更快乐。

　　多年来，我发现，成为一个全球团队的成员，能够提高一个人的眼界。当新员工加入公司时，我会和他们坐在一起，轻松地讨论他们为什么选择加入 R1。一开始，他们的答案都是一样的，希望为公司的成功贡献一分力量。如果真的是这样的话，我会为他们感到遗憾。我告诉他们我的观点，我希望他们是在为自己工作。他们当然是为了赚钱而工作，但是，如果他们觉得是在为自己而工作的话，他们会努力学习更多东西。为什么呢？因为这样，他们会把每天的工作视为一种对自己和未来的投资。

　　在欢迎新员工加入 R1 的时候，我向他们解释，我的这个观点还让每个人了解了他对集体的确切贡献。对于刚刚进入职场的人来说，他们的贡献十分有限，但依然能够帮助实现公司的总体目标和愿望。这个事实大大促进了员工的自强意识。那些愿意投资自己的人能够快速成长，当结束一天的工作回家时，他们会感到很满足。

他们不会像机器人一样木然地在办公桌前忙碌一天。他们知道自己是在为某件事情做贡献，这件事情比他们自己更重要。当怀抱这个想法时，他们的精神和心情会更轻松，这种情绪还能感染同事和家人。

大多数公司认为，好的企业文化能够为他们铺平成功的道路，据我了解，没有不因为这个想法而不聘请顾问的公司。但是，我们同样必须清楚，打造坚实、真正的企业文化，比想象的要难很多。

那些无法实现这一目标的公司通常都会聘请顾问来帮忙，因为他们没有坚实的基础来打造这样的企业文化。这些公司忽略了某些重要因素，比如团队合作、团队精神、开放式交流、成长和发展等。很多小型的家族式贸易公司一直都担心，那些靠公司平台成长起来的老员工会跳槽到更好的公司，或者自己创业。这种担忧不是完全没有道理的，我自己就见过很多这样的情况，尤其是千禧一代的年轻人。

相比之下，R1 在这方面取得了业内公认的成就，也是其他公司羡慕的对象。我们的员工有强烈的归属感，他们工作积极性很高，充满激情，乐于为公司做出贡献。同时，这种感情也增强了他们对团队和公司的忠诚度，我们员工的保留率证明了这一点。

多年来，代表着 R1 新老竞争对手的猎头们一直在想办法引诱我们的几个高管跳槽，他们开出诱人的职位和条件，希望带走我们的人才。不过，他们几乎没有成功过。我们的员工保留率，尤其是高管的保留率一直是很高的，这证明了我们员工的敬业精神、对公司的承诺和忠诚度。我们的实力取决于人才，我们对人才的投资造就了公司的竞争优势。

图 6-1 显示了我们的战略管理文化，图 6-2 概括了我们的公司策略。企业文化的每个部分构建于其他元素之上，当我们一起发展坚定的企业文化时，我们是牢不可破的。

愿景（我们的愿望）

使命（我们做什么）

价值观（什么对我们重要）

战略（我们的活动计划）

战略地图（解释战略）

平衡计分卡（衡量与重点）

目标和创意（我们需要做什么）

个人目标（我需要做什么）

战略结果				
股东感到满意	业务成长（供应商、消费者）	高效、有效的流程	员工积极工作和学习	独一无二的R1文化

图 6-1 R1 战略管理文化

愿景：成为橡胶行业内最大的全球贸易公司，重新定义这个行业，提供反应型解决方案，帮助我们的合作伙伴取得更大的成功。

使命：服务、成长、共赢

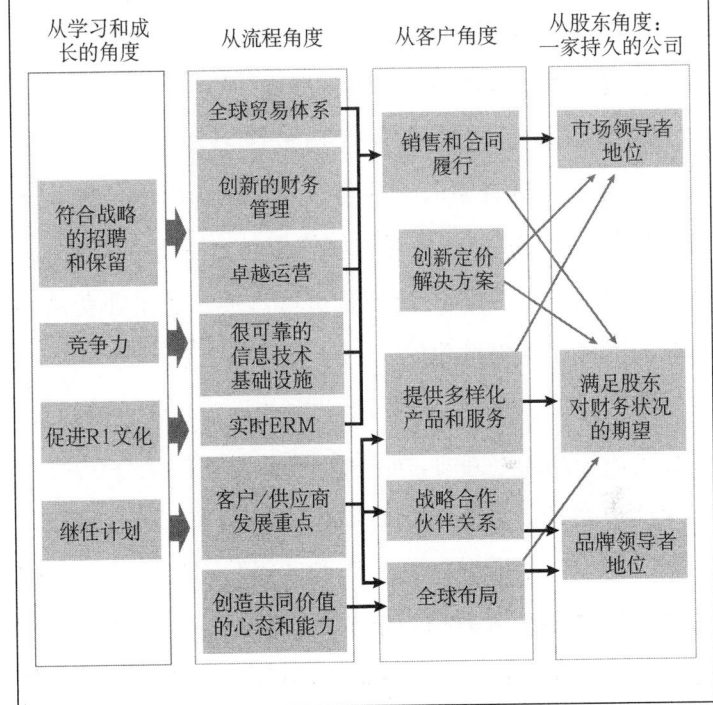

图 6-2　R1 战略地图

薄弱环节也要一样强大

为了让 R1 能够有效运作，我们所有团队都必须发挥最大潜力。我们业务的不同环节是互相连接的，一旦某一环节脱落，整艘舰船将会下沉。我们拥有四个职能团队：贸易团队、运营物流团队、财务团队和企业行政团队。我们在每个地点都配置了这些团队。

这些职能团队的领导者构成了我们的第五个团队——集团领导者团队。这意味着，领导者参与着公司交易的每一个步骤，无论是在销售中对交易员提供支持，在交付文件时与运营物流团队进行沟通，还是在费用结算时向财务团队提供建议。

在 R1 的大家庭中，我们最薄弱的环节也要一样强大，当整个链条都很牢固时，所有活动和交易就能顺利进行，大家通力合作，创造出最有凝聚力的结果。这有点像一支获得冠军的足球队。为了胜利，团队不仅需要厉害的前锋，还需要有活力的中场队员、强壮的后卫和可靠的守门员。团队里的每个人都必须很优秀，整个团队必须拥有想赢的姿态。

此外，每个人都必须在自己的岗位上发挥优势。后卫虽然不能进球，但他必须能够做出有效的拦截和阻碍。在贸易中也是如此。交易员必须擅长销售，而运营团队的成员必须知道如何有效地组织货物交付。他们不需要做别的工作，只要做好自己的本分，但同时必须了解别的团队成员在做什么。

另外，我们必须保证有可靠的继任计划来应对任何突发事件。公司的每位领导者和高管都知道，他们必须负责计划好自己的继任者，这样，当他们退休或者离职时，职位就不会出现空缺。他们不仅要知道谁会是他们的继任者，还需要知道在他们的继任者到位后，谁会填补那些继任者的空缺。R1 的 12 个分公司都执行这项政策，其他公司基本没有我们这样的政策。我们认为，这是创造并维持一个稳固、积极、健康的领导者网络的基本方法。

人才：R1 最重要的资产

人是很复杂的动物，管理人才并不像管理信息技术系统那么直截了当。我们每个人都有自己的性格，想要把员工最好的一面发挥出来，这需要很多技巧。贸易和服务行业都需要依靠团队成员的品质、能力和态度，因此，毫不夸张地说，优秀的人才必须当宝贝一样珍惜。

在创立 R1 之初，我们就清楚地知道，一种坚定、弹性的企业文化才能让我们这样一家新公司取得成功。当

R1 逐渐成长为一家全球性实体公司，在 12 个地点开展业务并且聘用了不同国籍的员工时，这种企业文化必须更坚定才行。牢固的基础是很难打造的，但却很容易打破。这就是为什么它们不能被看作是理所当然的原因。

从一开始，我们的目标就是建立一种坚定的、令人满意的、并且成为行业内最好的企业文化。我们明白，企业文化将被吸收到公司的每一个基因中。因此，从 R1 创立之初起就着手建设这种文化是非常重要的。

回首过去，我们可以很自豪地说，我们完成了预定的目标。我们的企业文化很坚定，它不但鼓舞人心、推动公司持续发展，并使 R1 在行业内成为令其他竞争者羡慕的对象。

R1 的每位员工都知道，他们有责任共同构建企业文化。他们也知道，自己有自由、有权力来更好地履行这份责任。竞争对手研究并了解我们的企业文化，但很少有人能够复制我们的成功。很多人认为，知识产权是一家公司最重要的资产，R1 却不这么看。我们认为，人才和文化才是让我们在竞争激烈的行业中脱颖而出的法宝。

在第七章里，我们将讨论 R1 最近发生的变化，讲述公司是如何获得新的股东的，这些股东会带领公司取得更大的成功和进步。

第七章

新 股 东

也许有一天，我会卸下 R1 的重担，而那时，我得确保公司会继续发展和进步下去。我在前几章提到过，从 2001 年公司创立以来，我们一直在进行投资，希望为公司的持续成长打下坚实的基础，并在我退休后，使公司继续保持成功。

在公司成立后的前十年，我们建立了一个全球办事处网络，同时为供应商和消费者服务。我们提供来自不同原产地的各种橡胶，贸易条件灵活多变。我们也一直希望寻找一些业务上的合作伙伴，这不仅是为了销售产品，也是为了给这些合作伙伴提供新的解决方案。在那段时间，R1 成为世界上最大的纯橡胶贸易商。

在前十年过去后，我们停下脚步，询问自己，接下来准备做什么。我们知道，有远见的公司不会一直原地踏步，它们会在成功的基础上继续扩张。因此，我们也希望能继续扩大业务，继续扩大已经建立起来的这个平台。

由于行业内的利润持续下降，我们不能止步于一家纯橡胶贸易商，毕竟，因为它的经营范围有限，我觉得我们可以在橡胶价值链中拓展新业务。我们有能力、有技术、有人才，可以涉足橡胶加工业务。此外，我个人在管理大型橡胶加工集团方面有着多年经验，所以我很熟悉这项业务。

橡胶加工和橡胶贸易一样，是一项利润管理型业务。加工商从胶农那里采购橡胶，进行加工，随后将加工过的橡胶销售给消费者。作为一家公司，成熟的风险管理经验对于我们进入橡胶加工链来说具有很大优势，我们可以将成功的经验从纯橡胶贸易转移到橡胶加工领域。

对于这种变化，公司内部自然有些反对的声音。我们在纯橡胶贸易中取得了不错的成绩，这些成绩够我们吃几辈子了，靠目前的技术我们一定能继续成功。但是，人无远虑，必有近忧。市场条件显示，如果希望公司能够继续发展壮大，那么是时候扩大业务范围了。我们也明白，应该趁着我们还拥有坚实的基础、行业认可度和整体稳定性的时候，抢占先机，获取最大利益，而不是原地踏步，等到被行业发展的浪潮所淘汰。

尽管已经清楚了首选的业务方向，但是，我们缺少能够引领公司未来成长的大股东。我们最大的股东是马来西亚橡胶开发公司，占股45%，嘉吉公司占股25%，余下的股东是来自泰国和印尼的公司，而我只是一个小股东。

在有这么多不同股东的情况下，调整公司的经营方向将会是一次空前的大动作。但是不久，嘉吉公司的情况变化推动了局面的发展。在成立R1时，嘉吉公司说好只担任两年的股东，随后有权选择退出。十年过去了，其中经历了一次内部重组，嘉吉公司认为是时候离开橡胶贸易行业了。

对R1的发展方向进行重大改变，需要一位强大、坚定的大股东来领导，还需要管理团队的支持，但我们不知道去哪里才能找到这样一位大股东。

由于在嘉吉公司准备退出期间，马来西亚橡胶开发公司便表达了购买其股份的意愿。作为目前的股东，马来西亚橡胶开发公司是一个显而易见的选择，组建R1的合作协议中规定马来西亚橡胶开发公司享有这些股份的优先购买权。这意味着，如果有外部公司竞标希望成为我们的主要股东，在竞争时，马来西亚橡胶开发公司有权以相同的价格优先购买股份。

尽管如此，对于将 R1 的控制权移交给马来西亚橡胶开发公司，董事会的一些成员和我都有些担忧。之前的经验告诉我们，我们和马来西亚橡胶开发公司的愿景不是完全相符的。

有一个例子可以证明我的担忧。在建立 R1、合并马来西亚橡胶开发公司和嘉吉公司的贸易业务时，马来西亚橡胶开发公司曾经承诺会通过 R1 的渠道来销售其产品。虽然它在技术上遵守了这一承诺，但工厂经理总是想方设法绕开我们的协议，与别的公司开展合作。这在一定程度上是可以理解的。其他公司开给马来西亚橡胶开发公司的采购价格时常更高，这是因为他们的市场条件更好，或者他们只是单纯地想从价格上胜过我们。

在橡胶货源短缺的时候，我们的压力尤其大。但是，从我们的角度出发，根据双方承诺，无论价格高低，R1 必须购买马来西亚橡胶开发公司的产品。所以，我们反对马来西亚橡胶开发公司在市场对其有利时将产品销售给别人。马来西亚橡胶开发公司的新任 CEO 站在工厂经理那一边，无视了协议中他们的承诺，看起来他另有安排。

当我们注意到这个问题时，我和马来西亚橡胶开发公司的董事长进行了沟通，他同时也是 R1 的董事长。大家同意，马来西亚橡胶开发公司应该遵守协议规定。但是，对于加强马来西亚橡胶开发公司的内部政策，以及消除马来西亚橡胶开发公司与 R1 之间的摩擦，董事长的决心并不够。

我觉得董事长的处理方式过于外交化，他本来可以采取一切必要措施解决这个问题，但他希望一切慢慢来，不要伤了和气。由于缺乏强有力的领导，导致问题越来越严重。工厂经理想把产品卖给其他人，而 R1 的交易员却不高兴，因为他们必须在有限的时间内拿到产品，当市场价格上涨时，他们的供货得不到保障且没有补偿。

可以预见的是，在讨论马来西亚橡胶开发公司成为 R1 新任控股股东时，由于与马来西亚橡胶开发公司相处的经历，尤其是这位新任 CEO 的行为，在我心里撒下了怀疑的种子。同时，我与银行业的几个朋友讨论了管理层收购的可能性。但这不是理想的选择，我知道，管理层收购不能帮助我们充分地实现更远大的抱负，但它可以当作一个可靠的备选方案。

如果找不到合适的公司来担任 R1 的大股东，管理层收购可以帮助我们继续运营。在嘉吉公司离开之后，变化是不可避免的，所以，我需要仔细考虑所有可能的情况。尽管如此，最理想的结果是找到一家有实力的公司担任大股东，支持 R1 根据我们的愿景继续发展。

在管理层收购作为备选方案之后，我通知董事会，除了马来西亚橡胶开发公司之外还有两家公司有兴趣入股。他们问我要正式的投资意向书，列明价格、条款和细节等。这两家公司填写了意向书，将报价提交给了现有股东。

对此，我感到既兴奋又焦虑。作为公司的创始人，我觉得有责任将R1交到对的人手里；我对公司的感情很深，希望新的大股东能够将R1带到新的高度。我相信R1的基础能够帮助它达到新的高度，但这需要对的人来带领它。因此，我对潜在的新任大股东有几个关键的要求。

新股东必须很了解商品行业，尤其是橡胶行业；它必须了解商品贸易的周期性质，尊重长期聚焦的需求。有些公司只看重眼前利益，在困难时期轻言放弃，这样的公司不适合担任R1的股东。

新的大股东还必须有很强的经济实力，愿意投资公司的未来。橡胶行业竞争者众多，有些背后得到大财团支持。就在我们进行股权变更时，行业变化正把我们的某些强劲对手变得更强大，这就是管理层收购不能帮助我们实现更大抱负的一个原因。

我们不需要那种仅仅取代马来西亚橡胶开发公司位置的大股东。不管谁接手公司，我希望它都能给R1带来新的发展动力，希望它能够意识到R1目前的实力，并能看到它未来变得更大更强的潜力。我们在寻找有雄心、有决心、有意愿的股东，可以将这些潜质转变成R1的品牌和平台。

此外，新的大股东必须尊重 R1 多年来积累的企业文化。我在前面的章节里提过，积极、负责的员工对于 R1 的成功至关重要。我希望新任大股东能够尊重员工的这种满足感。没有这样的企业文化，我们可能会失去很多好员工，并失去在市场上的主导地位。

我把这些标准告诉了董事会并向他们解释，根据这些标准选择新股东，可以帮助我们客观地评价候选公司，决定它们是否符合 R1 的最佳利益。幸好，对的候选公司已经出现了。

达成协议

两家向董事会递交入股意向的公司里，一家是来自中国的橡胶国企，名叫海南农垦－海南橡胶集团（Hainan State Farm/Hainan Rubber Group，HSF–HRG），另一家是新加坡的大型的、声名卓著的农产品上市公司。

海南农垦－海南橡胶集团的总部位于中国海南省，它希望收购一家声誉良好的全球贸易公司，作为其开展国际业务的跳板。在跟我们碰头之前，这家公司的 CEO 已经在新加坡兜过一圈，考察了很多家橡胶公司，想找出最大、最好的橡胶贸易公司。他最终得到的答案是 R1。

自然而然，他安排了与我的见面。他同我及行业内的另一位资深人士见了面，并代表公司表达了合作兴趣。当时，我并不十分了解这家公司的背景，也不熟悉这位 CEO 和他的领导班子。CEO 的随行翻译很优秀，但是，通过第三方来进行交流让我总觉得不太方便。

此外，当时新加坡业界对中国企业的印象不是太好。大多数人会觉得，中国企业的治理、视野和运营不符合我为潜在大股东设定的标准。在考虑过所有因素之后，我持怀疑态度，认为海南农垦－海南橡胶集团并不是我理想中的那家公司。

虽然我表现出了疑虑，不过这家公司的 CEO 还是希望能再跟我见一面。在第二次见面之前，我做了一些调查，还跟一些熟悉中国橡胶行业的朋友聊了聊。我发现，海南农垦集团早在 1982 年就成立了，是海南省政府旗下的一家国有企业；公司拥有约二十万名员工，规模很大，在海南省拥有超过 400 万公顷的土地，大多数用来种植橡胶、热带水果和蔬菜。

海南橡胶集团于 2005 年成立，是海南农垦集团专门负责橡胶业务的分支机构。2011 年，它在上海证券交易所上市，成为当时最大的农业股。海南橡胶集团雇佣六万名员工，拥有 235,000 公顷土地，年产橡胶量 40 万吨，是全世界最大的单体橡胶种植园。另外，它还拥有 13 家橡胶加工厂和 16 家子公司——负责物流和仓储。我被海南农垦－海南橡胶集团的业务规模震惊了。

就规模和发展前景而言，很明显，海南农垦－海南橡胶集团不仅符合且远远超过了我的期望。尽管如此，我还是有一些疑虑，就算它成为控股股东，我还是希望能够保持 R1 独立、专业地运作，并且保护公司目前的全球治理结构和企业文化，毕竟我们曾经为此付出过很多努力。

第二次会面比第一次顺利很多。CEO 似乎能够理解我希望他们能善待员工并奖励那些忠诚元老级管理层的愿望。海南农垦－海南橡胶集团表示，对于非股东的管理团队关键成员，可以允许他们购买合计最多 10% 的公司股份。这是个很诱人的条件，可以吸引重要的管理层继续留在公司，我觉得这反映了海南农垦－海南橡胶集团对我们管理层所做贡献的尊重和理解。

海南农垦－海南橡胶集团和我还讨论了我个人的持股情况。在见面之前，我在 R1 持有 5% 的股份，并有权将股份增持到 14%。考虑到我在公司的影响力以及多年的心血付出—— 这是海南农垦集团认真考虑收购 R1 的原因之一，海南农垦集团领导邀请我再认购 5% 的股份，将持股比例增加到 10%。

同时，CEO 再次向我承诺，授权我筹备让 R1 在新加坡证券交易所上市。我知道，上市要求 R1 遵守严格的监管标准，进行专业的运作，证明自己符合上市公司的要求。

因为海南农垦－海南橡胶集团向 R1 员工提供激励措施、邀请我认购更多股份并打算让公司在新加坡证券交易所上市，我开始相信这家集团是认真的，他们真的愿意把我们一手创立起来的这家公司长期、健康地发展下去。与此同时，另一家公司也开出了优厚的条件，两家公司的意向书都很诱人。

在董事会和我作出决定之前，我们需要讨论两份意向书的优缺点，它们都远远超过了 R1 股东的期望值。最终，我们认为海南农垦－海南橡胶集团的计划更有优势：它的财务状况更强，对我们的管理风格也更具帮助。

但是，马来西亚橡胶开发公司依然享有优先购买权，只要愿意，它可以给出跟海南农垦－海南橡胶集团一样的价格，然后成为 R1 的大股东。我们都很紧张，因为并不想把 R1 交到马来西亚橡胶开发公司手里。所以，当马来西亚橡胶开发公司表示自己对此没兴趣并同意将股份出售给新买家时，我们都松了一口气。

所有原始股东都把股份转让给了海南农垦－海南橡胶集团，并退出了公司，在这笔交易中获得了可观的回报。2012 年 4 月 28 日，R1 正式易主，海南农垦集团持股 60%，海南橡胶集团持股 15%。23 名关键管理人员总共购买了 10% 的股份，我个人持股 10%。同时，我们的泰国股东决定再次持有公司股份，买下了 5% 的股份。

在寻找新股东时，我们知道必须找到最合适的。我们希望新股东能够继续保持公司的发展和优势，就像 R1 成立的前十年内做的那样。我们也希望新任大股东能够尊重 R1 的员工，并愿意在信任和承诺的基础上建立关系。总之，我们希望新股东能够尊重员工的成功和发展。海南农垦－海南橡胶集团满足了所有这些要求。

签约后，R1 开启了新篇章。在这次转型过程中，我们解决了最棘手的问题，保留住了优秀的人才，新的股东跟我们拥有相同的愿景——推动 R1 继续前行，我对这所有的一切感到十分自豪。在下一章，我将讲述 R1 的下一个成长阶段。

第八章

在世界各地开花结果

从 2001 年到 2016 年，在 R1 建立后的前十五年内，我们的现货橡胶业务总营业额达到了 183 亿美元，年平均营业额为 12.2 亿美元。不过，由于橡胶价格波动，每年的实际情况大不相同。有几年，我们的营业额达到了 30 亿美元。这个收入水平给我们带来了很多好处，包括诱人的可变税率。

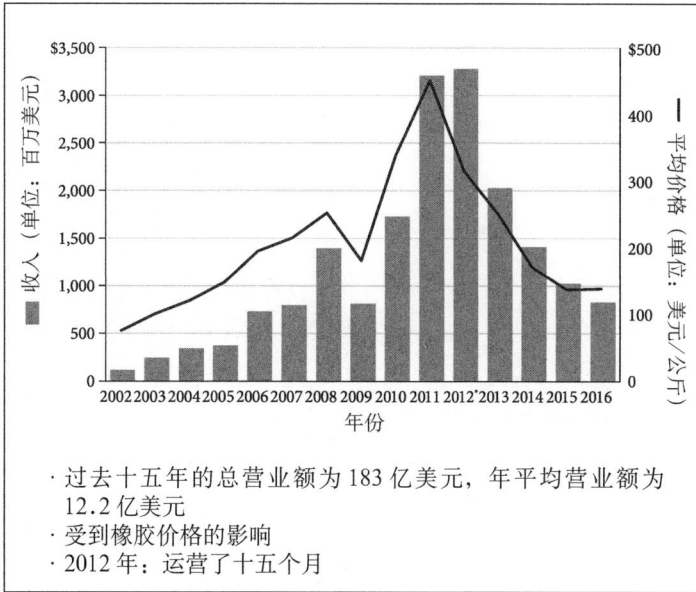

- 过去十五年的总营业额为 183 亿美元，年平均营业额为 12.2 亿美元
- 受到橡胶价格的影响
- 2012 年：运营了十五个月

图 8-1　现货橡胶营业额增长

2016 年底，公司的有形资产净额或账面价值为 6850 万美元。年度股本回报率为 12% 到 49%，平均回报率为 24%。在世界橡胶贸易行业内，我们的回报率是最高的，无人能出其右。

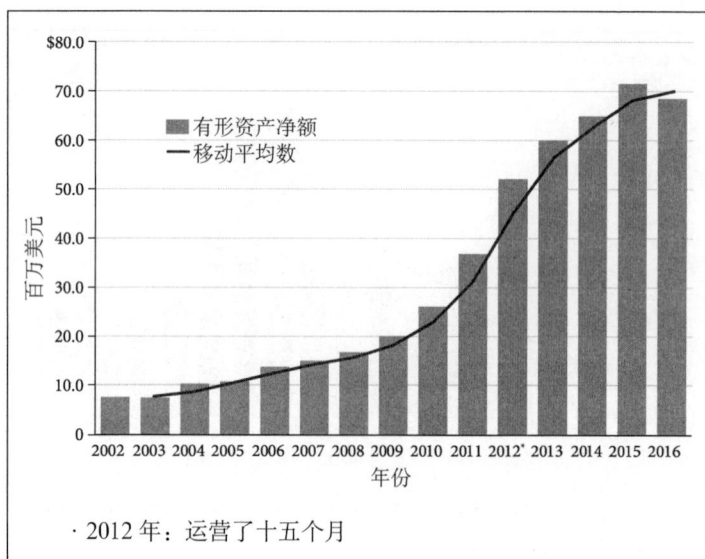

· 2012 年：运营了十五个月

图 8-2　有形资产净额

　　在过去的十五年里，我们在现货和期货市场交易了
1740 万吨橡胶，平均每年交易 120 万吨，这一成绩使我
们成为世界最大的纯橡胶贸易商。

　　对于这些成绩，我们感到十分自豪，不过，最自豪
的还是我们的股东投资回报率。2001 年，他们总共投资
了 700 万美元，15 年后，这笔初始投资已经翻了超过 16 倍，
达到 11370 万美元。截至 2016 年，我们已经向股东支付
了 3050 万美元股息，年平均股息率为 7.7%，最高时曾
达到 19%。

回报率

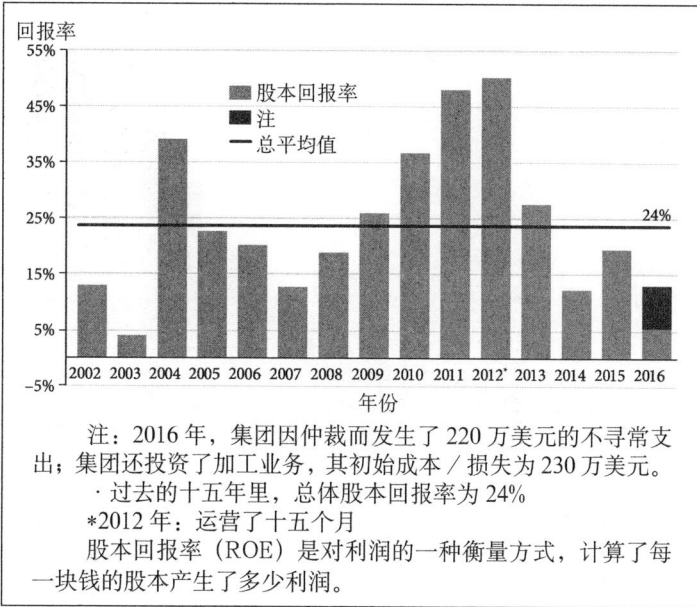

注：2016 年，集团因仲裁而发生了 220 万美元的不寻常支出；集团还投资了加工业务，其初始成本／损失为 230 万美元。
·过去的十五年里，总体股本回报率为 24%
*2012 年：运营了十五个月
股本回报率（ROE）是对利润的一种衡量方式，计算了每一块钱的股本产生了多少利润。

图 8-3　股本回报率

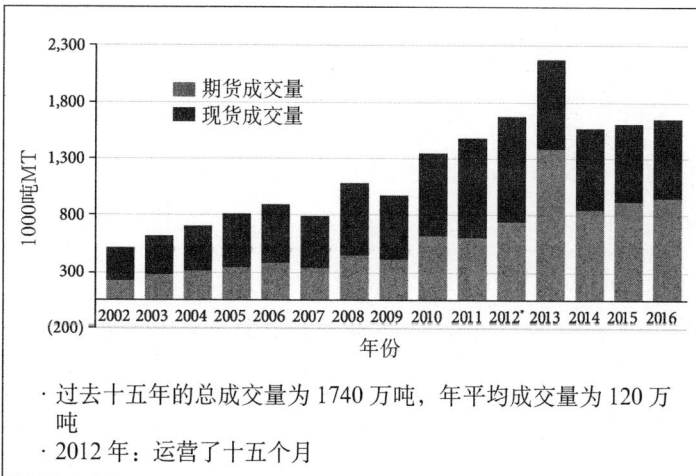

·过去十五年的总成交量为 1740 万吨，年平均成交量为 120 万吨
·2012 年：运营了十五个月

图 8-4　总成交量增长：现货和期货

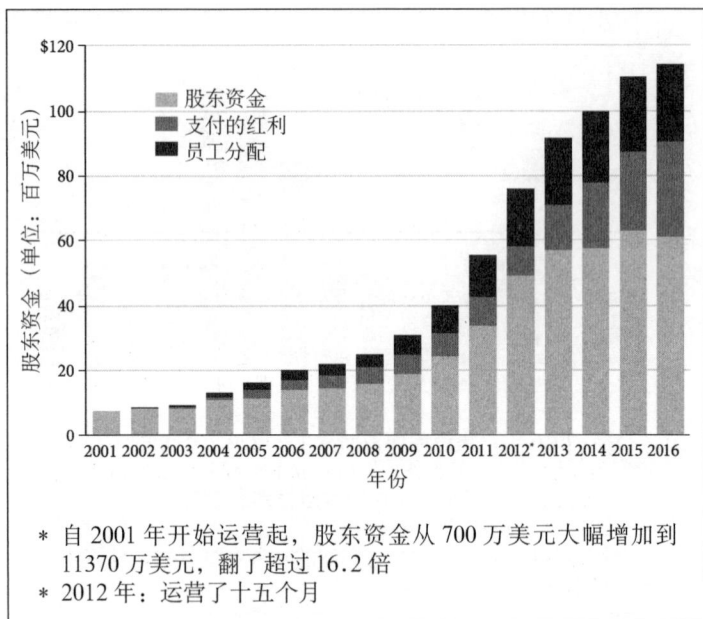

图 8-5　总营业回报增长

这些数字证明了 R1 的巨大成功和良好的稳定性。在周期性商品行业，橡胶贸易公司很难创造和保持稳定的利润。一般来说，他们的生意总是好几年坏几年。R1 能够一直保持赚到利润，并且每年能给出 7% 的平均股利，这在橡胶行业中是前所未有的。

由于我们的成绩和高营业额，R1 入选了新加坡前 200 强企业，这是一项很大的成就。这一成就帮助我们进入了全球贸易商计划（GTP），这是新加坡贸易与工业部旗下国际企业发展局颁发的殊荣。

行业内的很多人都很好奇，R1 是如何取得这种成就的？R1 的成功是不是有什么秘诀呢？事实其实很简单：我们的实力取决于我们的平台、经验丰富的交易员和坚守的纪律。我们严格遵守由风险管理系统规制的交易策略。此外，我们的发展得到了股东、银行家和高度职业化的企业顾问们强有力的支持。

共享成功

R1 的所有利益相关者，包括股东、供应商、买方和员工，甚至是橡胶行业本身，都因为我们的成功而获益。马来西亚橡胶开发公司、嘉吉公司和卖掉股份的其他股东收到了 847% 的原始资本回报。马来西亚橡胶开发公司投资了 315 万美元，产生了 2669.5 万美元的收益；嘉吉公司投资了 175 万美元，获得了 1483 万美元的收益。海南农垦－海南橡胶集团在 2012 年公开宣布收购 R1，受此影响，其股价大幅上升，资本溢价超过了总收购成本。海南农垦－海南橡胶集团在收购后的五年内就已成功收回了一半的投资。

海南农垦－海南橡胶集团收购 R1 时，作为一站式交易中心，我们在近 80 个国家服务 2200 家客户，他们可以通过 R1 采购到来自不同原产地及不同等级的橡胶。
幸运的是，公司的股权变更没有影响到这些交易的顺利
进行。而且，作为 R1 生意上的合作伙伴，客户和供应商
们更加感谢我们，因为他们觉得，这次并购保证了 R1 相
同的高服务水平，增强了公司持续成长的巨大潜力。因此，
这些客户和供应商们继续与我们保持合作，伴随我们一
起成长。

作为一家纯橡胶贸易公司，我们从未跟农民面对面
接触过。工厂代表会与农民见面，但纯橡胶贸易商不会。
在职业生涯早期，我经常和农民打交道，现在，由于没
有机会直接和他们进行交流，我总是觉得很矛盾。但是
2012 年，我们又有机会去跟橡胶种植行业打交道了。

R1 在印度的公司与一家名叫门迪帕莎的合作社一起
成立了一家协会。门迪帕莎合作社位于印度东北部，是
一个贫穷、多山的部落地区，在橡胶等级市场上并不出名。
那里有一位名叫露丝的天主教修女，她希望改善贫苦农
民的生活。在她的协助下，我们向当地农民承诺，把他
们从贪婪的放债人手里解救出来。我们教育他们种植高
质量橡胶的重要性，并将会以公平市价向他们收购这些
橡胶。

在我们介入之前，当地农民很难以公平的价格卖出
橡胶，市场认为这些是不明质量的新产品。R1 在印度的
交易员买下了他们的橡胶，再转手卖给印度的几家大型

轮胎制造商和其他橡胶制品制造商，同时也把这些农民的故事告诉了这些制造商。最终，我们成功说服了这些公司去通过 R1 来向这些农民采购橡胶。在这个案例中，我们帮助农民提高了产品质量，获得了公平的价格，把他们的橡胶带到了消费者面前，他们的生活水平也得到了改善。

自 2012 年我们开始合作起，这家印度合作社经历了健康的发展。它已经成立了四家新的分支机构，聘用了大约一百名运营人才。这个项目帮助了一家组织成长和成功，同时也激励了我们的员工支持未来其他的项目，去帮助他人。参与项目的每个人都充满了获得感。从这个项目中可以看出，不仅是我们的股东、合作伙伴和员工从 R1 的活动中获益，有困难的群体也从中收获了成果。

R1 的全球大家庭成员们因为公司的成功而受益良多。我在前面的章节中提过，23 名高层在 2012 年成为公司的股东，增加了他们对公司做出贡献的积极性。在 2001 年到 2016 年间，我们给 R1 员工总共分配了 2400 万美元的利润。在生意好的几年里，我们的一些高管拿到了 24 个月的薪水作为奖金，实现了财务自由；有些高管已经成为百万富翁，几乎所有员工都提高了自己的总体生活水平，他们中的很多人买了房买了车，把孩子送进了很好的私立学校。

R1 的财务增长让我们每个人都获得了成功。但更重要的是，我们的团队成员经历了个人和专业上的成长，提高了他们个人的满足感和获得感，这比任何物质上的奖励都更为珍贵。因此我们认为，聘用最好的人才、提供高薪并不断激励人才成长的策略被证明是很正确的。

回报行业

虽然每个人都希望享受高质量的生活，但必须牢记，做人不能自私自利。我们的成功取决于其他人的成功，所以，我们也需要对行业的发展贡献一分力量。多年来，R1 的高管和全球办事处一直积极参加贸易协会活动，为很多贸易机构提供过服务。我们在日本、美国、马来西亚、泰国、越南、印度、中国和新加坡等地的贸易主管都参加了当地的贸易协会，为行业做出过无私奉献。

我自己同样花了很多时间与橡胶协会合作，为不同的国内外橡胶代理商提供咨询服务和支持。多年来，我积极承担国际橡胶研究组织（IRSG）的领导职责，担任其统计委员会、经济委员会及国际顾问小组（IAP）的主席职务。此外，在一段较长时间里，我还是国际橡胶协会（IRA）管理委员会的成员，担任过新加坡证券交易所橡胶委员会（SICOM）的主席。

　　我积极参与国际橡胶研究组织将总部搬到英国的计划，在这个过程中，我努力劝说其搬到新加坡来，因为这对所有主要橡胶生产国和消费国来说都有好处。新加坡是全球贸易枢纽，处理超过 70% 的世界橡胶贸易。作为行业一员，我们认为自己有责任为橡胶行业的健康发展和进步做出积极的贡献。

　　对于一家经得起时间考验的公司来说，所有利益相关者都必须获益。我从不通过自己受益多少来衡量 R1 的成功。相反，共同的成功可以通过我们在行业内做出的贡献和获得的认可来衡量。作为个体，我们的人生应该富有意义。当我们合作成立一家公司时，它的目的不只是为了个人致富，而是要相信自己是更伟大的事业中的一部分，为他人做贡献，让世界变得更美好。本书的第九章和第十章将讨论橡胶行业的现状和未来，以及 R1 在创建服务所有利益相关者的业务环境中起到的作用。

第九章

持续成功的新曙光

在成立 R1 后的十五年里，我们耗费了无数的心血来打造坚实的基础，追求我们服务、成长和共赢的使命。当公司移交给新股东时，我们可以很自信地说，之前打下的基础可以为新股东提供未来量变发展的平台。

再次重申，很多基础方面的工作造就了我们的成功：遍布在橡胶生产国和消费国的 12 家办事处的有效公司结构；团结一心、专注高效、来自橡胶行业最优秀人才组成的全球大家庭；R1全球管理团队成员经验丰富、勤勉尽责、热爱橡胶事业；员工虽身处不同时区，但怀揣共同理想，和谐相处，同心协力；集团各部分通过线上平台相互连接，保持更新；从嘉吉公司那里承接了先进的风险管理系统，不断改进，为我所用。

R1成功的另一个关键因素是独一无二的战略管理文化。这套体系根据责任感、团队合作、创新、诚实度与可信度等指标建立，帮助我们评估并共享公司员工的自尊和激励水平。我们一直致力于为团队成员的个人和职业目标服务，让他们喜欢并享受工作中的乐趣。

我们一直强调纪律的重要性，这对一家成功的贸易公司来说至关重要。R1卓越的公司治理是以战略性纪律为基础，遵守这一标准已经成为集团员工的第二天性。良好的纪律性帮助我们与银行建立了牢固的关系，银行支持我们的业务活动，为我们的成长和壮大提供资金。

我们聘用了一群年轻且才华横溢的交易人才，他们拥有多年的行业经验、丰富的知识和公认的操守，对此，我感到十分自豪。我们向他们提供工作机会、培训机会和职业发展机会；他们热爱橡胶行业，充满激情，而且喜欢R1的工作氛围。此外，我们的三级继任计划适用于每个关键领导职位，员工明确知道如何在R1的职业生涯中获得提升。

价值观引领

在过去的十五年里，共享价值观使我们成为全球业界广受认可、值得信任的品牌。这个品牌价值对我们的非凡意义在于：它无法用金钱来衡量，却被我们的客户、供应商和我们自己视为无价之宝。

我们的价值观扎根在企业文化中，它们代表了公司，证明了我们的独特与不同。很多人希望能够模仿 R1，但是由于价值观是无形的，他们很难在自己的公司里复制我们的成功。R1 的企业文化是我们每个人珍视的宝贝。

我们已经成为行业内唯一一家公认的一站式贸易中心。无论原产地在哪里，我们可以在亚洲和非洲的 14 个橡胶生产国进行采购，有能力为客户提供 20 多种不同类型和质量的橡胶。只要客户有需求，R1 可以按照长约固定价格向客户提供任何数量、价格公道的橡胶。

经过多年的努力，我们已经与遍布 70 个国家和 150 个港口的 2200 家橡胶供应商建立了合作关系。这是一个全球平台，我们的新任股东在收购 R1 后即可承续这样一个庞大的网络。

2012 年股东重组

　　海南农垦－海南橡胶集团于 2012 年收购了 R1 的多数股权，我和其他管理层获授权将 R1 在新加坡证券交易所上市。为了完成任务，我们积极地工作，努力扩张业务和提高盈利能力，进一步改进体系和流程，使其符合新加坡上市公司的要求。一开始，我们自信地认为，公司能够在 2015 年 3 月成功在新加坡证券交易所上市。我们任命了发行经理、法务团队、审计师、会计师和财务顾问等，甚至还完成了招股说明书的草案，包含一份独立报告。

　　可惜的是，IPO 的过程中遇到了阻碍，原因是利益冲突。我们得知海南橡胶集团在新加坡还拥有一家涉及橡胶贸易业务的公司，这家公司与 R1 类似，不过规模较小。此外，海南橡胶集团新加坡公司（海南橡胶集团新加坡公司是海南橡胶集团的一家子公司，母公司在上海上市）不同意关闭业务，也就是说，这个利益冲突无法解决。问题不解决的话，R1 就无法获得批准在新加坡证券交易所上市。虽然已经很努力，但看起来我们可能无法成功地将公司上市了。

　　作为大股东，同时也是委任我们将 R1 上市的一方，海南农垦－海南橡胶集团有责任找出公平的解决方案。

我们讨论了很多种方案，但每一种都行不通。当时，情况比较复杂，海南农垦集团和海南橡胶集团都处于重大结构变动之中，在短时间内，两家公司都任命了新的董事长和 CEO。之前与我们合作的人突然就离职了，换成了新面孔。

尽管如此，我们还是继续和这些新的领导讨论这些情况，他们都很诚恳，也很合作。在共同的努力下，最后，我们找到了新的解决方案。海南农垦集团提议，将其持有的 R1 所有股份出售给海南橡胶集团；同时，R1 所有持股高管和我自己也这么做。鉴于当时 R1 上市无望，我们无法实现财务退出，所以这个方法是行得通的。按照约定，我们可以根据独立审计的 2017 年财务报表中的公司账面价值出售股份；对于那些继续留在 R1 工作的员工，公司提供新的雇佣条款和特别福利。此后，公司将成为海南橡胶集团上海的全资子公司。

在当时情况下，这个解决方案是最行得通的。到 2016 年，R1 不能再继续做一家纯贸易公司了，也无法在强大竞争者层出不穷的市场中保持成功。同时，海南橡胶集团正在重组各种业务机构和活动，公司的领导层希望将橡胶业务集中于其主要持股平台下，而并购 R1 将有助于实现这个目标。我们相信，海南橡胶集团希望通过此笔交易，将新的业务平台建立在 R1 的基础之上。

这个方案对大家来说是双赢的。海南橡胶集团承接了 R1 的品牌和实力，帮助它实现成为全球领先集团的抱负。对于 R1 的少数股东来说，在私人公司担任少数股东的价值降低了，换取他们在未来带着丰厚的利润选择退出，因此，出售我们在 R1 持有的股份是可行的。

这一方案对于公司整体来说也是有意义的。通过本次内部重组和海南橡胶集团成为实际控制人，R1 将处于非常有利的地位。海南橡胶集团位于中国——世界最大的橡胶市场，海南橡胶集团在橡胶行业拥有多年经验，加上雄厚的财务实力，通过 R1 的平台，海南橡胶集团可以参与橡胶贸易的诸多环节，包括种植、加工、贸易、供应链管理和橡胶制品制造等。未来，海南橡胶集团可以涉足其他相关产品，比如合成橡胶、橡胶化工和橡胶技术等。

一开始，我们对于无法在新加坡证券交易所上市感到非常失望。但是，通过并购作为海南橡胶集团的子公司，R1 可以成为一家强大的全球橡胶集团的一部分，这将帮助我们更快地达成目标，成为世界上最大的橡胶公司。

最后，我相信海南橡胶集团有能力处理全世界 25% 到 30% 的橡胶生产和销售。在写作本书时，我正带领海南农垦－海南橡胶集团团队，进行收购印尼最大橡胶生产商基拉那·麦格塔拉（Kirana Megatara）公司的谈判。同时，我们还在泰国、马来西亚、越南和非洲寻找其他并购机会，研究收购大型橡胶制品制造公司和一家特种乳胶公司的可能性。

　　作为 R1 的创始人，我对于公司取得的这些发展深感鼓舞。海南农垦集团和海南橡胶集团的领导者们通力合作，他们意识到公司有成为业内主要影响势力的潜力。在他们坚强的领导以及丰富资源的支持下，我深信他们一定能够实现我在构思 R1 之初就确定的目标。我知道，自己创建的公司已经交到了正确的人手里，我对未来的发展前景非常期待。在海南橡胶集团的领导下，我们将达到凭一己之力所无法企及的高度。前途一片光明。

第十章

橡胶行业的未来

2001 年我们成立 R1 时，橡胶行业并不景气，橡胶价格处于记录低位，维持在每吨 450 美元。胶价过低不仅导致橡胶种植户的日子难熬，在很多橡胶生产国，它甚至引发了政治问题，愤怒的农民不断向政府抗议，国家领导人拼命想办法帮助胶农。

当时，很多专家认为橡胶行业已经成为夕阳行业，注定要慢慢走向下坡路。但我不这么认为，我相信行业将发生逆转，更好的明天即将到来。我认为是时候引入一家领先的橡胶贸易公司进入市场，它将重新定义橡胶行业，满足行业的直接需求，同时与供应商和客户建立互惠互利的合作关系。尽管面前有重重阻碍，我们还是义无反顾地投身市场，承担起行业领导者的责任。

自成立之日起，R1 就设定了清晰的愿景：重新定义橡胶行业，提供有效的客户解决方案，为合作伙伴的成功添砖加瓦。在这一过程中，我们的目标是成为全球最大的橡胶贸易公司。我们的使命简单、明确、具有革命性，那就是：服务、成长和共赢。

多年来，遵循着发展愿景和价值观，我们已经取得了引以为傲的成功。到 2016 年，我们积累了稳定的历史业绩表现，在海南橡胶集团领导下的全球平台上，我们朝着下一次重大突破迈进。

如今，橡胶行业在经历了 150 多年的发展历史后，已经是一个成熟的行业。尽管如此，行业领导者们也不能安于现状，原地踏步，许多变化与挑战正在涌现。作为行业个体，R1 也必须始终保持进化，不能坐吃山空。我们必须一直留意市场情况，避免潜在的陷阱，抓住身边的机遇。

考虑到行业的性质，领导者必须具备企业家精神、变革意识和鼓舞士气的能力。一名优秀的领导者必须能够集合卓越的团队，有效地激励团队成员，打造一个既坚固又灵活的企业结构。一名成功的领导者还必须采用最佳的流程和体系，面对挑战时不屈不挠，激励团队成员全力以赴。总之，领导者应当拥有明确的愿景，找到方法，让团队里的每个人都把这一愿景当作自己的愿景。

未来趋势

未来某些趋势可能严重影响我们的行业。第一个趋势是橡胶面临潜在的产能过剩，多年来，世界橡胶供应和需求已经明显达到平衡。但是，由于 2011 年中国橡胶需求量的增长，橡胶价格暴涨至接近每吨 6000 美元，有经济学家预测，价格还能涨到每吨 8000 美元。同时，原油价格上涨至每桶 147 美元，引起了市场的乐观反应，这都刺激了橡胶的生产。

一些增产发生在亚洲主要橡胶生产国：泰国、印尼、越南、柬埔寨、缅甸和老挝等。一些增产发生在某些非洲国家，比如喀麦隆、加纳和象牙海岸等。不过，讽刺的是，这些增产可能最终对橡胶行业造成危害。尽管产能增加，分析认为，橡胶需求并不会大幅增加。所有迹象显示，橡胶需求会持续增长，但只是逐渐增长。

除了种植橡胶的土地增加，种植技术方面的进步也导致橡胶树的产量增加了三倍。这可不是一个小问题，它可能导致世界橡胶生产大量过剩，对行业会有持久的影响。一些专家认为，到 2025 年，世界橡胶总产量可能达到每年 1900 万吨，而预计的最高需求则为每年 1700 万吨。如果发生这种情况，每年会产生两百万吨的过剩，对橡胶生产商可能导致不利的后果。

但是，如果我们能够更充分地利用橡胶树的产品，就可以避免这种过剩。几十年来，橡胶科学家们已经知道，橡胶树就像一家多维的工厂，它们的产品可以应用在很多地方。比如，树的提取物可以用在某些药物制品中。

尽管橡胶树还有潜在使用价值，但在橡胶制品的新用途方面还是没有重大突破。虽然有了一些小发现，但对橡胶的消耗率没有什么实质性的影响。目前还没有有关橡胶新用途的突破性研究，截至 2018 年，接近 70% 的橡胶仍被用在汽车和轮胎行业中。

最近的发展显示，橡胶最可能的新用途是道路建设。每年，全世界建设几百万公里的道路，如果橡胶可以用来建设路面，那么行业的应用潜力是巨大的，这样就可以消耗掉橡胶行业的很多过剩产量。

我们尚未在这方面看到明显的努力，但是，我认为东南亚的橡胶生产国，以及中国和印度，应该大胆地采取行动，把橡胶使用到道路建设中。这对于橡胶行业和路面使用者来说都有好处：使用了橡胶的路面会更平整，比纯柏油路面更持久，需要的维护更少。

将橡胶使用到道路建设中看起来是一项重大举措，但实际上，只要我们拥有积极改变的政治意愿，就很容易做到。当然，对于解决市场上的橡胶过剩问题，这一做法将比典型的政府干预措施更有效：政府通常买入橡胶形成库存并持有，或者实施进口 / 出口配额。

对橡胶消耗的另一个威胁是汽车行业的发展，轮胎正在越来越轻，寿命也更长。轮胎的先进技术和 AI 将导致每个轮胎的公里数更长，轮胎中的传感器将使轮胎的膨胀达到最佳性能，使寿命达到最长。这一趋势使轮胎更加耐用，减少对橡胶的需求。

令人担忧的不止于此，合成橡胶的突破性发展可能开始赶上目前的橡胶制品，合成橡胶利用的是生物量的单体，人工合成质量相当于天然橡胶或比之质量更高的聚合物。普利司通最近宣布研发了一种新的合成橡胶，由乙烯、丁二烯和异戊二烯制成。制造商声称，相比天然橡胶，这一产品的性能更佳。

由于行业越来越重视可持续发展，对可再生橡胶和轮胎翻修的需求也会越来越大，这一趋势将会延长轮胎的使用寿命，降低对新橡胶的需求。中国已经宣布拥有四百万吨的橡胶再加工装置容量。在美国，米其林轮胎收购里海科技公司，显示了巨头们对于橡胶新技术的兴趣。在一些应用领域，如制鞋行业，再生塑料正在逐步取代橡胶的作用。

此外，消费者行为也正在发生变化。电动汽车越来越受欢迎，这必然会对车轮和轮胎的设计产生影响。由于 95% 的汽车在很多时间是放着不开的，汽车共享服务和叫车软件，比如 Uber 和 Grab 已经让人们决定不买车了。在市区，共享单车和电动滑板车正在取代汽车短途运输的地位。而对飞行车和飞行服的远景研究证明，未来对于橡胶的需求可能大幅降低。

这里的某些趋势想要运用在现实中，也许还需要走很长的一段路，有些甚至看起来是异想天开。但是，对于橡胶生产商来说，这些趋势可能带来很严重的影响。行业一直在循环往复，你可能想知道，为什么橡胶需求的潜在下降很重要。作为橡胶行业内的一名老兵，我对橡胶行业的感情很深，也为胶农们感到担忧，他们种植着世界上大多数的橡胶。对于他们来说，种植橡胶是消除贫困的重要途径。

一颗橡胶树需要六到七年进入成熟期，一旦开始产出橡胶，橡胶树大约可以收获 25 年。对于胶农来说，橡胶树就像 ATM 机，只要市场能够向他们提供公平的价格，他们就能生活得不错。如果市场不景气的话，橡胶生产国内的几百万农民将过着穷困的生活。此外，橡胶树可以吸收二氧化碳，缓解气候变化的影响。

如果想要避免橡胶市场发生饱和，我们必须立即认真地寻找方法，解决过剩的橡胶。如果不这样的话，供需不平衡将导致橡胶价格大幅下跌，这就是我们行业的第三大趋势。在橡胶生产国内，百万农民的生活取决于橡胶的价格，如果价格下跌，农民可能会请求政府进行调控。

这种情况过去发生过。在我写这本书的时候，橡胶价格已经跌到了大约每吨1200美元，低于很多生产国的生产成本。相比前几年的每吨3000美元到6000美元的价格，你已经可以想象到，现在橡胶种植户的收入有多么凄惨了。

这一趋势还伴随着橡胶行业的其他现实。很多橡胶种植户已经超过60岁，而他们的年轻后代不愿意从事这一行当。为了完成工作，他们会雇用临时工来帮助自己；但当橡胶价格低迷时，他们连临时工都请不起。

在20世纪，胶农经历了无数次橡胶价格的起起落落。为了解决这一问题并吸引新人加入行业，我认为，政府有必要进行整体干预。政府曾支持过一些措施，让胶农暂时脱离了贫穷。

尽管做出了这些努力，但尚没有哪个政府采取长期有效的措施，解决价格低迷时胶农的困苦生活问题。我们需要找出长期有效的措施来影响市场，不仅仅是通过人工抬高价格，还可以采取一些其他措施，例如，通过在道路中使用橡胶，来促进整个橡胶市场的需求。此外，我们应该鼓励和帮助胶农扩大橡胶种植地的用途，包括种植其他经济作物或饲养家禽，或者做一些小本生意，来增加自己的收入。

西方政府和组织，比如欧洲委员会、汽车制造商以及非政府组织越来越重视绿色标签和可持续认证的要求，这导致了第四大行业趋势：对高质量橡胶和可持续实践的需求。

这些实践包含行业的方方面面，从生产标准到环境影响。可持续橡胶在人们的疑虑中培植，其产品对社会及生态环境的影响也让人持有不同意见。例如，欧盟标准要求给予工人合理工资，拒绝雇佣童工，同时坚持认为，橡胶种植不能造成污染或破坏森林，对员工福利设置了最低标准。这一趋势虽然在很多方面都是积极的，但是对于那些承受着微薄利润和低迷价格的农民来说，这可能会造成更大压力。对可持续性的正确定义必须包括负责任的合作，重视所有利益相关者的发展和共赢。

贸易格局也一直在快速变化。很多贸易商开始承担更大的交易风险，甚至开始投机，而这只是为了在行业内存活下去。为了挣钱，他们采用单边和跨期等交易策略，但由于机会减少，甚至这些策略都不足以让他们存活下去。大型集团正在吞并小型企业，利用自身强大的财务实力实现规模经济。规模帮助他们以战略的眼光看待行业，而不是仅仅追求眼前的蝇头小利。

行业的第五个趋势是向中国转移阵地。上海拥有支配地位的期货市场，目前未对国外参与者开放。在某些日子，中国的日期货交易量超过了全球橡胶的年产量。传统的境外橡胶贸易商无法进入这个流动性最大的市场，由于它的投机性质，他们无法明确读懂市场。上海期货市场中的参与者与传统的橡胶贸易商有很大不同，商品基金和投机者占领了市场。除非传统橡胶贸易商能够适应这种变化，否则他们很快就会出局。

我们可能很快就会见证家族式橡胶公司退出历史舞台，因为他们不得不让位给介入整个价值链的大集团。最终，可能只有那些规模大、胆子大、经济实力强的公司才能留下来，他们愿意、也有能力以长远的眼光看待这个行业。除非家族式橡胶公司愿意在业务中采取更具战略性的方法，否则，他们将被排挤出市场，压力主要来自经济实力强大的中国企业。

利益相关者的新机遇

虽然行业的前景并不好，但在这一不断变化的格局中，我们还是能发现一些机遇，去了解行业方向，为未来做好规划。安于现状不是一个好的选择。公司不能忽略市场不断变化的需求，原地踏步，R1 的团队成员都明白这个道理。我们充分意识到，唯有不断进步、改造和更新自己，才能继续在行业中占有一席之地。拒绝改变的公司会逐渐被市场遗忘和淘汰，无法存活下去。

从积极的角度去想，我希望利益相关者们，比如橡胶供应商、农民和终端用户之间的联系更为密切，假以时日，这会改善橡胶生产商和消费者之间的关系。

现在，大多数利益相关者都是在单打独斗，没有想过与其他公司建立更加互补的关系。其实，有很多政府间组织和国际组织，比如国际橡胶研究组织，会举办论坛活动，把橡胶行业内的所有利益相关者聚集在一起，讨论共同的行业趋势和问题。但是，对于大多数业内人士来说，他们总是会忘记，消费者和生产者其实是同一枚硬币的两面。虽然大家的目标是一致的，但利益相关者之间的关系总是夹杂着紧张与冲突。随着大公司和专业集团的发展，这种情况一定会改变，橡胶行业将变得更加健康。

行业内的主要玩家必须明白，他们的业务源于胶农；胶农是整个业务链中非常重要的一环，他们值得更多的关注。直到最近，行业还一直都是很分散的，胶农的需求一直被忽略，大多数消费者只跟贸易商做生意。

未来的橡胶行业必须超越眼前的经济利益，看得更长远，公司必须将胶农视为他们业务的重要一环。

胶农应该利用可持续的方法生产高质量的橡胶；作为回报，他们应该得到公平的价格，并在困难时期获得帮助。

R1 和海南橡胶集团正处于有利位置，应该乐观地面对这一不断变化的行业格局。在接下来的五到十年，我相信，这个我已经奋斗了超过 40 年的行业将发生翻天覆地的变化，专注于技术和创新产品的大公司将领导行业。整个价值链将在搬运橡胶的过程中发挥作用，而供应链管理将变得非常关键。

我已经迫不及待地想要见证 R1 和海南橡胶集团的未来。经过通力合作，我们有潜力成为未来橡胶行业的领导者。事实上，作为全球扩张策略的一部分，我们已经启动了收购印尼最大橡胶加工集团的项目。我们还在与泰国和非洲其他大型橡胶加工商进行协商。很快，我的职业生涯将兜回原点，因为通过再一次参与一家全球橡胶企业的管理，我将能够与胶农亲密接触。

我的梦想是，希望 R1 在海南橡胶集团的带领下，成为一家以胶农为本的公司，这一成就将会是真正的成功和珍贵的财富。新集团有能力为行业内所有利益相关者做出贡献，改善胶农的生活，成为我们所在社会和国家里有价值的一部分。这就是我希望留下来的宝贵遗产。

致　谢

　　我相信，我们之所以成为今天的我们，主要受益于命运的恩赐、曾经接触过的人们以及各自的人生经历。上天眷顾，生命旅途中我得到过很多人的祝福和慷慨帮助，感激之情溢于言表。可能无法感谢到所有的人，但是，我还是希望能够提及一些重要人物的名字，他们曾经鼓励过我、帮助过我、对我的人生轨迹产生了积极的影响。

　　首先，我要向父母致以一生的感谢：已经过世的父亲——辛那亚·安东尼(Sinaya Anthony)，以及母亲——玛丽·瑟苏妲珊 (Mary Sesudasan)。正是他们无私的爱护与付出，教会了我正确的价值观和品德，让我有机会能够实现全面的成功。父亲为人谦逊有礼、慷慨大方、工作勤奋，即使面对最艰难的挑战也能保持乐观，他总是把别人的利益放在自己前面。我也要感谢我的妹妹们——安娜、洁辛塔、菲洛米娜和雪莉，还有我的弟弟——迈克。拥有这样一个团结友爱的大家庭，是我最大的福气。

在马来西亚怡保市的圣米迦勒学院上学时，我很幸运地遇到一群负责任的老师，他们十分关心我的成长和学业发展；此外，特别要感激我的两位朋友——凯仕米尔·汉农和乌坦·保罗，他们在学校辩论社和戏剧社中教给了我自尊自信和乐观进取的精神，这成为日后我的领导能力的基础。

长大后，我在家乡怡保市认识了几位法国天主教精神导师——里格特神父、卢西恩·卡特神父和埃米尔·格朗吉拉尔神父。他们对贫苦大众的无私善心和奉献精神深深地影响了年轻时候的我，在我内心播种下了帮助他人的种子。

我一直很珍惜朋友，他们守护并指引着我，给我带来快乐。感谢上天给了我一些特别的好朋友。自孩提时代便是挚友的利奥·安东尼，不知为何，他总能在我有需要的时候给我建议，帮助我重新振作。其他不断鼓舞我成长的朋友来自我读大学时住宿的沙维尔厅的室友或校友——Tee Boo、Hardeep、Neol John、Sunny Lee、

Moi Fong、Keng Lun、Tony Chang、Raghbir、Lee S.C. 和 Y.K. Lee，我们之间的友情已经持续了超过 45 年。我还要感激从上学时就认识的密友——路易斯·多斯。朋友使我的人生更有意义。

在过去 40 年的职业生涯里，一些非常特别的人帮助我乘风破浪、展翅高飞。我要特别感谢约翰·莫里斯、丹斯里·B.C·谢尔卡博士、苏莱曼·马南拿督、林敬益部长、丹斯里赛义德·贾巴尔、J.C.拉贾拉欧、杰拉尔·德索萨、穆尼尔·哈山、蓬塞·科德冯·布恩迪博士和黄鸿美（Oei Hong Bie）。同样要特别感谢我在马来西亚橡胶开发公司工作期间认识的精神伙伴——拿督马哈茂德·卡迪尔博士，我们组建了一支很棒的团队，互相帮助，为马来西亚橡胶开发公司的成功一起奋斗。所有这些人都激励过我，指导过我，让我发挥了真正的潜力。我永远感谢他们是我人生旅途中很重要的部分。

我必须感谢 R1 的团队领导们，他们一直支持我，为了实现 R1 的梦想做出巨大贡献。特别感谢 Ng Meng Chew、Lim K.H.、V.S. Maniam、Syed Noh、Benson Lim、Casey Oh、William Ho、Ling C.Y.、Thirunavukkarasu、Leow W.C.、Toshinobu Handa、Richard Stauffer、Thad Goff、T.C. Ong、Kennie Lee、Thao、Vinay、Keith Lim、Yeoh W.C.、Leslie Cheng、Sastry Srinivas、Pek

T.Y.、Stephen Evans 和 Frans DeJong。我要深深感谢我在马来西亚的助手詹妮弗·何，她为我工作了 30 多年，她有足够的一手资料和能力来写这本书。我还要感谢我在新加坡的助手安德琳·叶，她认真尽责地协助我的工作。

我深感荣幸并感谢 R1 的董事会、马来西亚橡胶开发公司、嘉吉亚太有限公司、他威塞(Thaveesak)控股公司、健印(Kian Inn)公司、海南农垦集团和海南橡胶集团，感谢他们对 R1 集团的信心、信任和尽职领导。

还要特别感谢上海交通大学出版社以及我的挚友王成先生为本书的出版问世所付出的辛勤劳动。

深深感谢我的妻子——安妮·戴布拉(Anne Debra)，和我的儿子们——约书亚·哈沙(Joshua Harsha)和于连·托尚(Juleon Toshan)，他们总是理解我，耐心地陪伴我，鼓励我追求自己热爱的事业。

我最想感谢命运带给我的祝福、机遇以及所有我想要的东西，指引我前进，让我活得有目标、有意义、有满足感。感谢命运给我的一切。